写给小学生的科学知识系列

生物这么奇妙
人体内部之旅

姚 琨 ◎ 编著

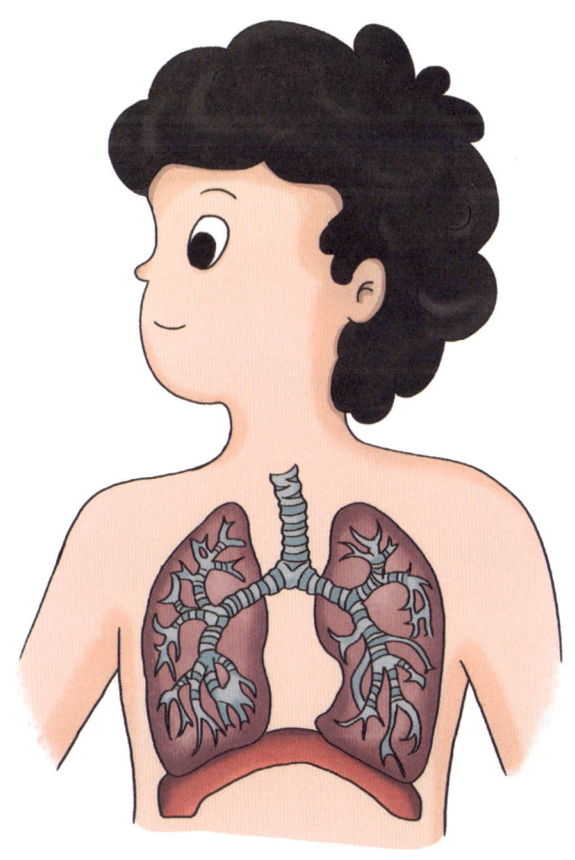

吉林科学技术出版社

图书在版编目（CIP）数据

生物这么奇妙 / 姚琨编著 . -- 长春：吉林科学技术出版社，2023.10（2024.7 重印）.

（写给小学生的科学知识系列 / 吴鹏主编）

ISBN 978-7-5578-9834-2

I. ①生… II. ①姚… III. ①生物学—少儿读物 IV. ① Q-49

中国版本图书馆 CIP 数据核字（2022）第 182084 号

写给小学生的科学知识系列

生物这么奇妙

SHENGWU ZHEME QIMIAO

编　　著	姚　琨
策 划 人	张晶昱
出 版 人	宛　霞
责任编辑	李万良
助理编辑	宿迪超　周　禹　郭劲松　徐海韬
封面设计	长春美印图文设计有限公司
美术设计	李　涛
制　　版	上品励合（北京）文化传播有限公司
幅面尺寸	170 mm×240 mm
开　　本	16
字　　数	150 千字
印　　张	12
页　　数	192
印　　数	9001-14000 册
版　　次	2023 年 10 月第 1 版
印　　次	2024 年 7 月第 3 次印刷

出　　版	吉林科学技术出版社
发　　行	吉林科学技术出版社
社　　址	长春市福祉大路 5788 号出版大厦 A 座
邮　　编	130118
发行部电话 / 传真	0431-81629529　81629530　81629531
	81629532　81629533　81629534
储运部电话	0431-86059116
编辑部电话	0431-81629378
印　　刷	长春百花彩印有限公司

书　　号	ISBN 978-7-5578-9834-2
定　　价	90.00 元

版权所有　翻印必究　举报电话：0431-81629378

目　录

思维导图　认识生物 /4
思维导图　人体内部之旅 /5

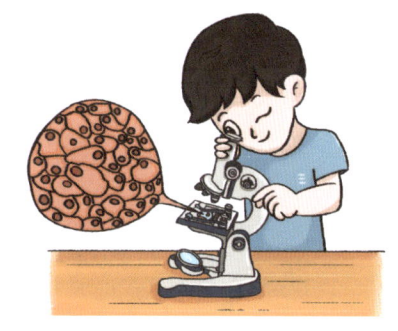

01 什么是生物 / 6

02 生命从细胞开始 / 8

03 细胞是如何构成人体的 / 12

04 维持生命活动必需的营养素 / 16

05 营养是如何被消化吸收的 / 18

06 被吸收的养分如何到达全身 / 20

07 二氧化碳去哪了 / 28

08 血液中的垃圾怎么排出 / 32

09 尿意是怎么产生的 / 34

10 人体用什么感知外界环境 / 36

11 是谁让你动起来 / 42

12 情绪激动时为什么心跳加速 / 44

13 无处不在的微生物 / 46

14 免疫系统大作战 / 54

15 破解基因的密码 / 60

16 人类活动对生物圈的影响 / 64

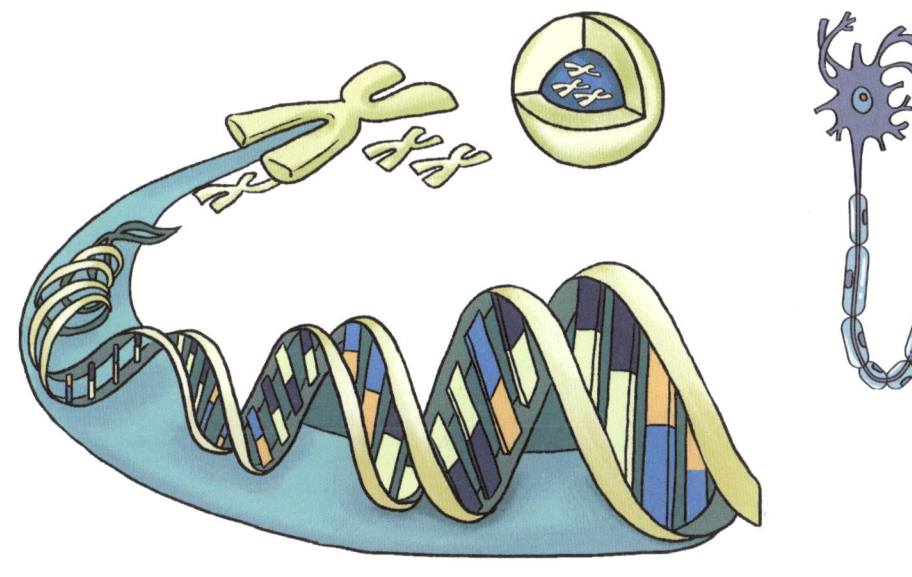
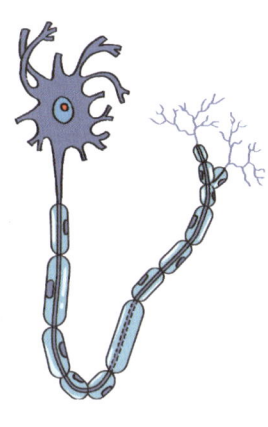

思维导图 认识生物

认识生物

生物的特征
- 需要不断获取营养
- 能进行呼吸
- 能排出身体内产生的废物
- 能对外界刺激作出反应
- 能生长和繁殖
- 都有遗传和变异的特性
- 都是由细胞构成的（病毒除外）

细胞
- 是生命活动的基本单位
- 大小不一，大多直径在 1~100 微米
- 形状多种多样
- 分类：如植物细胞、动物细胞等

单细胞生物
- 只由一个细胞构成
- 大多生活在水域或湿润的环境中
- 常见种类：眼虫、大肠杆菌、酵母菌、变形虫、衣藻等

人体的结构层次
- **细胞**
  - 基本结构：细胞膜、细胞质、细胞核、线粒体
  - 通过生长和分裂产生新细胞，遗传物质不变
- **组织**
  - 细胞分化形成不同的组织
  - 四大组织：上皮组织、结缔组织、肌肉组织、神经组织
- **器官**
  - 由不同的组织构成，具有一定功能
  - 人体主要器官：脑、胃、心脏、肺、肝、肠、肾等
- **系统**
  - 能够共同完成特定生理活动的多个器官按照一定次序有机地结合在一起
  - 人体八大系统：消化系统、循环系统、呼吸系统、泌尿系统、神经系统、运动系统、内分泌系统、生殖系统
- **人体**
  - 八大系统相互联系与配合，各司其职
  - 是一个统一的整体

人体必需的营养素
糖类、脂类、蛋白质、无机盐、维生素、水、膳食纤维

思维导图 人体内部之旅

消化系统
- 组成：口腔、咽、食管、胃、小肠、大肠、肝、胰等
- 功能：促进人体的消化与吸收

循环系统
- 组成：心脏、血管、血液、淋巴等
- 功能：保证人体内的物质运输

泌尿系统
- 组成：肾、输尿管、膀胱、尿道
- 功能：排出人体产生的废物和液体

呼吸系统
- 组成：鼻、咽、喉、气管、支气管、肺
- 功能：进行气体交换

神经系统
- 组成：脑、脊髓、神经
- 功能：控制和调节其他系统的活动

运动系统
- 组成：骨、骨连结、骨骼肌
- 功能：运动、支撑和保护

内分泌系统
- 组成：垂体、甲状腺、肾上腺、胰岛和性腺（睾丸、卵巢）等
- 功能：分泌多种激素，调节人体的生长、发育、生殖等

免疫系统
- 组成：免疫器官、免疫细胞和免疫因子
- 功能：保护人体，清除体内的细菌、病毒等微生物

遗传和变异
- 基因控制生物的特征
- 人类基因通过精子和卵细胞来传递
- 显性基因和隐性基因
- 变异的应用

感受器

视器
- 组成：眼球、眼睑、结膜等
- 功能：与视神经和大脑皮层的视觉中枢共同形成视觉

耳
- 组成：外耳、中耳、内耳
- 功能：与听神经和大脑皮层的听觉中枢共同形成听觉

鼻
- 组成：外鼻、鼻腔、鼻窦
- 功能：形成嗅觉

舌
- 组成：舌根、舌体、舌尖
- 功能：形成味觉

皮肤
- 组成：表皮、真皮
- 功能：形成触觉、温度觉、痛觉、本体觉等

01 什么是生物

我们身边有多种多样的生物，那你知道什么是生物吗？

用乐器演奏出优美动听的曲子的机器人。

叶片像石头、开黄色花的生石花。

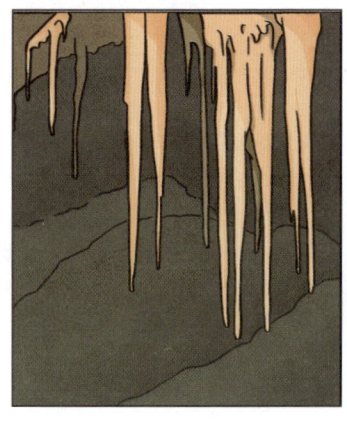
岩洞里不断变多的钟乳石。

以上三种物体，哪个是生物呢？其实，判断一个物体是不是生物，只需看它是否具备生物的共同特征就可以了。

1. 生物的一生需要不断从外界获得营养物质。

绿色植物需要从外界吸收水分，并通过光合作用获得营养，才能不断生长。

动物需要以植物或其他动物为食，来获取所需的营养物质，维持生命。

2. 绝大多数生物需要进行呼吸。

人需要不断地吸入氧气，呼出二氧化碳，来维持生命活动。

3. 生物体内会产生需要排出的废物。

动物可以通过排尿、排汗等方式排出体内代谢的废物。

4. 生物能不断生长，当长到一定阶段时会繁殖下一代。

植物的幼苗　　　　　　　　植物开花传粉

5. 生物能够对来自环境中的各种刺激作出一定的反应。

狮子对斑马发动攻击，斑马迅速奔逃。

6. 生物都有遗传和变异的特性。

有些"孩子"与"父母"很相似，有些则有差异。

　　毫无疑问，生石花具备生物的共同特征，而机器人和钟乳石不是生物。

　　当然，生物还有其他特征，比如除了病毒，所有生物都是由细胞构成的，生命是从细胞开始的。

02 生命从细胞开始

细胞是构成生物体的基本单位,生物体的各种生命活动都是通过细胞完成的,当然,细胞很小,人眼一般是不能直接看到的,必须借助显微镜才能观察到。

"哇,这就是细胞啊!"

【小知识】

显微镜是由透镜构成的一种光学仪器,可以把微小的物体放大到人类肉眼可见的大小,是人们探索微观世界必不可少的工具。

细胞大小不一,大多数细胞的直径在1~100微米,一些植物纤维细胞长达10厘米,人的有些神经细胞甚至长达1米。细胞形状也多种多样,来看看几种不同形状的细胞。

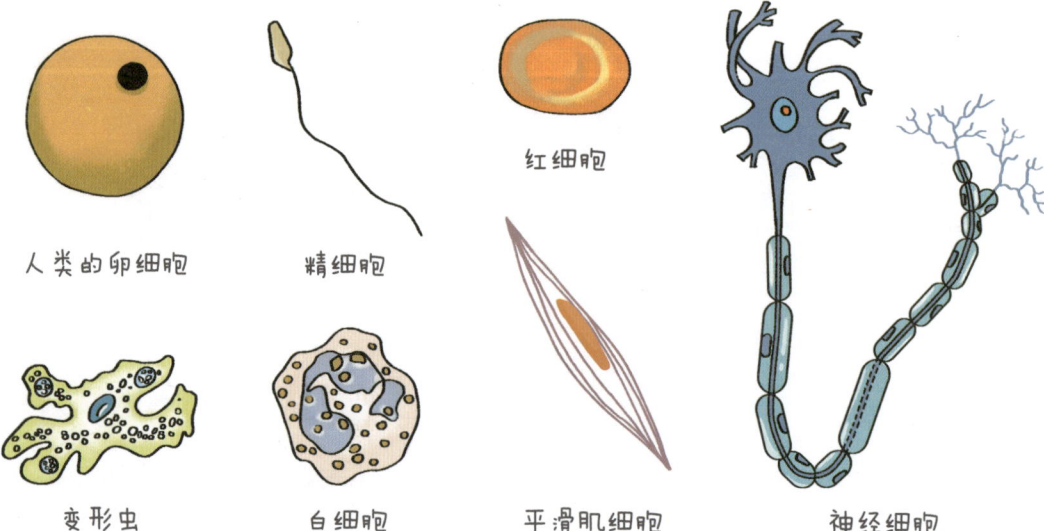

人类的卵细胞　　精细胞　　红细胞　　

变形虫　　白细胞　　平滑肌细胞　　神经细胞

细胞的形状和大小主要与它们行使的功能密切相关,比如精细胞细长的尾巴,可以帮助其在液体中快速游动;卵细胞较大,因为它需要储存大量的营养物质,以满足胚胎发育的需要;人的红细胞呈两面凹的圆饼状,使表面积增大,利于携带更多的氧气;等等。

虽然这些细胞的形状不同,但基本结构却是一样的。

粗面内质网:粘附着很多核糖体的网膜,生产半成品的蛋白质。

核孔:各种物质进出细胞核的通道。

核仁:负责生成核糖体。

细胞核:里面有核仁和染色体,储存遗传信息,是细胞的控制中心。

核糖体:负责生产细胞生活所需的蛋白质。

高尔基体:负责加工内质网生产的半成品蛋白质,并送到需要的地方。

光面内质网:没有核糖体,表面光滑,主要生产脂类。

溶酶体:处理、排出细胞内产生的垃圾、废物,分解衰老或损伤的细胞器。

线粒体:有氧呼吸的主要场所,可为细胞的生命活动提供能量。

细胞膜:包裹在细胞的最外面,控制物质的进出。

中心体:帮助细胞分裂时完成遗传物质的平均分配。

细胞质:细胞膜和细胞核之间的胶状黏稠物质。

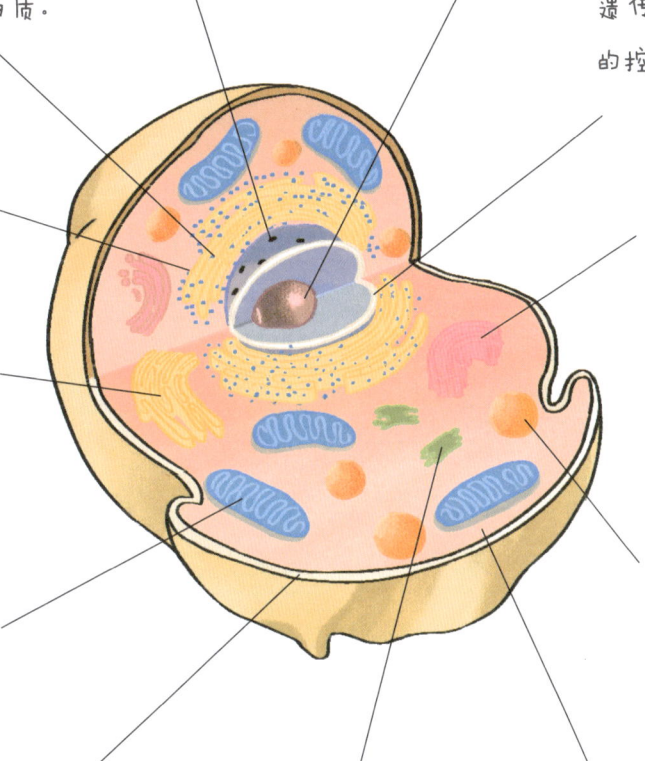

大多数生物体都是由许许多多这样的细胞构成的多细胞生物,但其实也有不少肉眼很难看见的微小生物,只由一个细胞构成,我们把这样的生物称为单细胞生物。大多数单细胞生物生活在水域或湿润的环境中,有些寄生在其他生物体上。

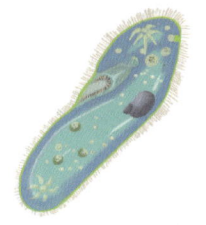

草履虫:生活在有机物质丰富的水中,靠纤毛在水中运动。

眼虫:生活在有机物质丰富的水中,有叶绿体,可进行光合作用。

变形虫:生活在浅水中,靠伪足运动和捕食。

衣藻:生活在淡水中,能进行光合作用。

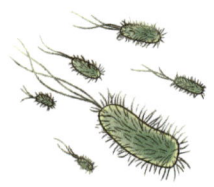

大肠杆菌:有鞭毛,能运动,寄居在人和动物的肠道中。

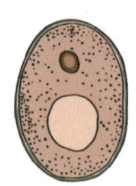

酵母菌:不能运动,常用于做馒头、面包等食物。

单细胞生物虽然个体微小,但也能完成呼吸、排泄、运动、生殖等生命活动。我们就以草履虫为例来看一下。

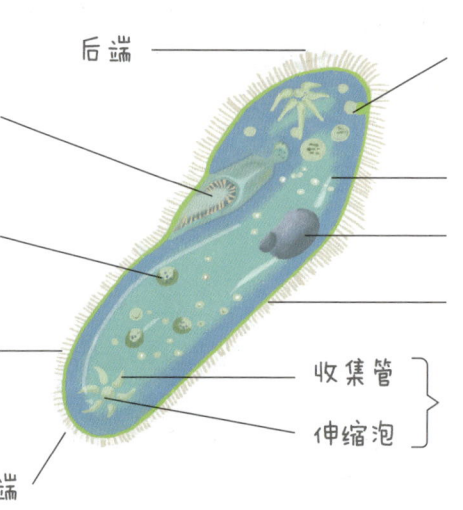

通过口沟摄取细菌和微小的浮游植物等食物。

在食物泡内消化食物。

靠纤毛的摆动在水中旋转运动。

后端

通过胞肛排出不能消化的食物残渣。

细胞质

细胞核

通过表膜进行呼吸。

收集管
伸缩泡

负责收集体内多余的水分和废物,并排出体外。

前端

单细胞生物虽然个体微小,但是与人类的生活有着密切关系。有些种类对人类是有益的,比如:喇叭虫、太阳虫、钟虫等单细胞的浮游生物是鱼类的天然饵料,而鱼类则是人类的食物来源之一。

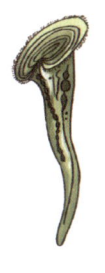 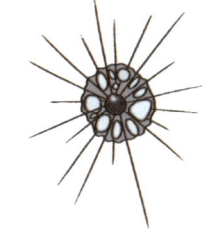 

喇叭虫　　　　太阳虫　　　　钟虫

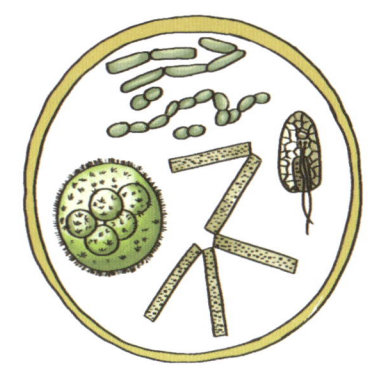

唇滴虫、放线虫等可净化水质。

酵母菌可用于发酵、制酒、制茶、制作发面食物、药物或动物饲料等。

也有些单细胞生物对人类是有害的,比如疟原虫、痢疾内变形虫等,能侵入人体,危害健康。

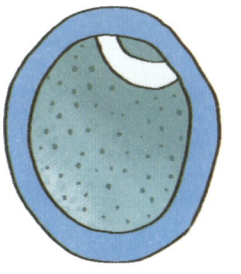 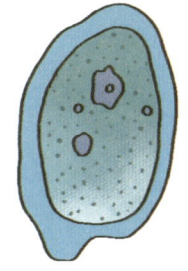

疟原虫　　　　痢疾内变形虫

海水中一些微藻、原生动物或细菌等单细胞生物大量繁殖,可形成赤潮,危害渔业和海洋生态。

03 细胞是如何构成人体的

绝大多数生物最初都是从一个细胞开始发育的,这个细胞就是受精卵。人体也是一样。

精细胞和卵细胞结合后形成一个受精卵,生命开始了。

受精卵不断从周围环境中吸收各类营养,转为自身物质,体积由小变大。

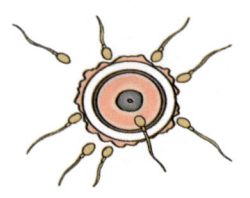 受精 →  生长 → 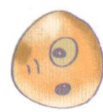 分裂 →

上皮细胞:位于皮肤或腔道表层的细胞。

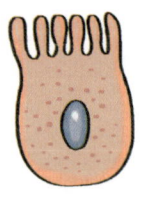

神经细胞:即神经元,呈树枝状,是神经系统的基本结构和功能单位。

肌肉细胞:呈梭形,是人体内能动的、具有收缩性的细胞的总称。

构成 ↓

上皮组织:细胞排列紧密,具有保护、分泌、吸收等功能,如皮肤上皮。

构成 ↓

神经组织:感受刺激,传导神经冲动,起调节和控制作用,如视神经。

构成 ↓

肌肉组织:通过收缩和舒张,使机体产生运动,如骨骼肌、心肌等。

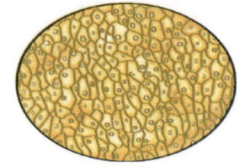
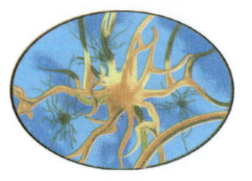
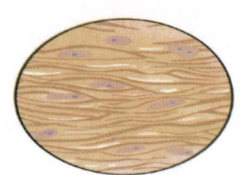

细胞分裂产生的小部分新细胞保持分裂能力，大部分细胞则失去分裂能力，逐渐变化，成为形态、结构、功能各不相同的细胞，这一过程称为细胞分化。分化了的细胞遗传信息不变，且将一直保持分化后的状态，直到死亡。

当受精卵长到一定大小时就会进行分裂，一分为二，但遗传物质不变。

分裂后的受精卵继续长大，继续分裂，由两个变成四个。

具有分裂能力的细胞继续分裂，最终变成许多相同的新细胞。

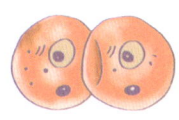 分裂→ 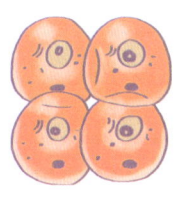 再分裂→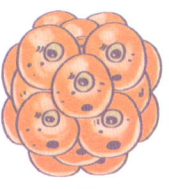

分化

红细胞：血液中数量最多的一类血细胞。

骨细胞：成熟骨组织中的主要细胞。

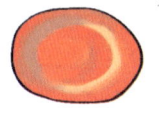

属于

结缔组织：细胞排列疏松，分散在发达的细胞间质中；种类很多，具有营养、连接、支持和保护等功能，如骨组织、血液、肌腱、皮下脂肪等。

这些相同的细胞联合在一起，组成一个个庞大的细胞群，就叫作组织。

上皮组织、肌肉组织、结缔组织和神经组织是人体的四种基本组织。不同的组织按照一定的次序,有机地结合在一起,构成具有特定功能的结构,就称为器官。

人体有许多器官,比如脑、心、肝、肺、脾、胃、肠、肾、眼、耳等。

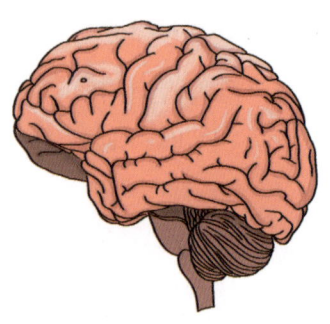

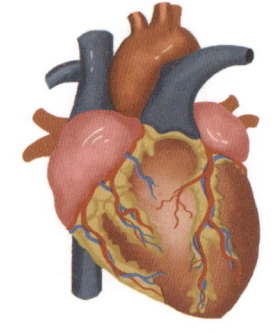

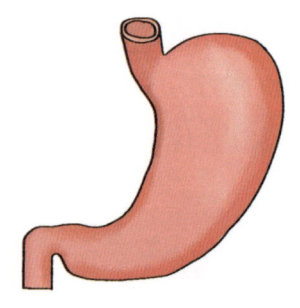

脑:主要由神经组织和结缔组织构成,是对全身起调控作用的器官。

心:内外表面覆盖着上皮组织,里面是心肌组织,血管和神经分布其中,负责将血液输送至全身,维持血液循环。

胃:由上皮组织、肌肉组织、结缔组织和神经组织构成,是贮存和消化食物的器官。

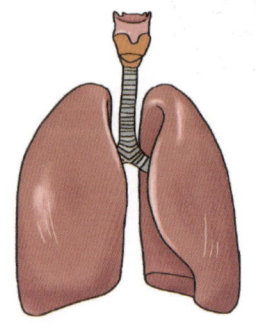

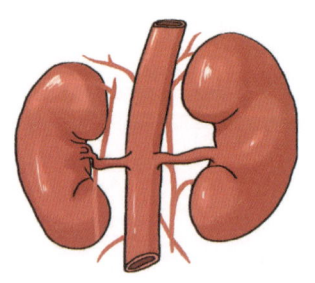

肺:主要由结缔组织、上皮组织、神经组织、肌肉组织构成,是掌管人体呼吸的器官。

肾:主要由肾单位、结缔组织和神经组织构成,主要负责排泄体内代谢的废物。

皮肤:由上皮组织、神经组织和结缔组织构成,包裹在身体表面,是人体最大的器官,具有保护、排泄、调节体温等功能。

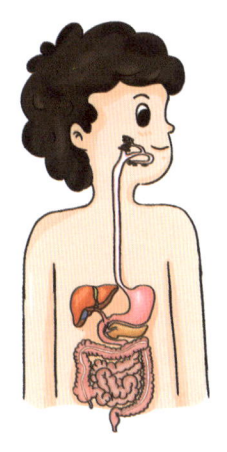

人体的消化系统

虽然组织构成的器官各不相同,但其中有一些器官是为了共同的目标在工作,比如口腔、咽、食管、胃、肝、肠等器官,都是为了消化食物和吸收营养,它们组合在一起,就构成了消化系统。

由多个器官按照一定次序有机地结合在一起,共同完成特定生理活动的结构,称为系统。

此外,人体还有运动系统、呼吸系统、循环系统、泌尿系统、神经系统、内分泌系统、生殖系统等。这些系统结构和功能各不相同,在神经系统的调节下,各司其职,又相互协作,使人体成为一个统一的整体,各种复杂的生命活动能够正常进行。

互动版块

下面是人体的结构层次,给它们排序,把名称写在括号里吧!

(　　)→(　　)→(　　)→(　　)→(　　)

人体 　　细胞 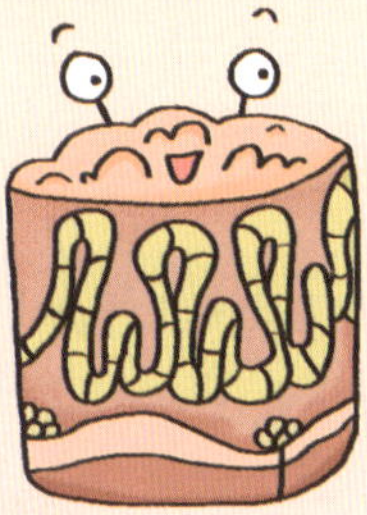　　组织 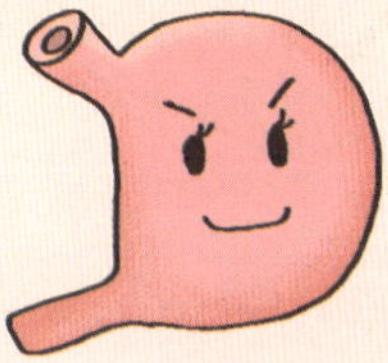　　器官 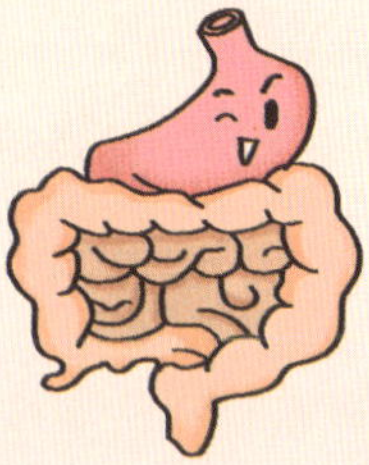　　系统

04 维持生命活动必需的营养素

人要生存，就必须通过食物来补充营养，那人体都需要哪些营养呢？

糖类：糖类是人体最主要的供能物质，主要食物来源有糖果、谷物、薯类等。

脂类：脂类为人体供给能量和必需脂肪酸，食物来源有肥肉、蛋黄、奶油、坚果等。

蛋白质：蛋白质是建造和修复人体的重要原料，在瘦肉、鱼、蛋类、牛奶、豆腐等食物中含量丰富。

水：水是人体细胞的主要成分之一，约占体重的60%~70%，参与体内很多生理活动，如消化、吸收、分泌、排泄；还可以调节体温，维持人体体温的恒定。

无机盐：无机盐又称矿物质，虽然在人体内的含量不多，但却是构成身体结构和组织、维持生命活动和生长发育不可缺少的营养素。

钙是构建骨骼和牙齿的重要成分，在奶类、豆类、绿叶蔬菜等食物中含量丰富。

铁是构成血红蛋白的重要材料，在猪肝、瘦肉、鸭血、蛋黄等食物中含量丰富。

碘是甲状腺激素的重要组成成分，在海带、紫菜等食物和碘盐等调味品中含量丰富。

锌是体内多种酶的组成成分，在贝类、鱼类、瘦肉、动物内脏等食物中含量丰富。

维生素：种类很多，在机体的代谢、生长发育等过程中都起着十分重要的作用。

维生素A能促进人体生长发育，增强免疫力，在动物肝脏、胡萝卜、玉米等食物中含量丰富。

维生素B_1可维持神经系统的正常功能，在糙米、豆类、坚果等食物中含量丰富。

维生素C能维持人体正常的新陈代谢，增强免疫力，在新鲜蔬菜和水果等食物中含量最为丰富。

维生素D能促进钙、磷的吸收和骨骼的发育，在动物肝脏、蛋类、牛肉、菌类等食物中含量丰富。

膳食纤维：预防便秘，降低血脂和血糖，在蔬菜、水果、杂粮等中含量丰富。

05 营养是如何被消化吸收的

食物中的营养物质是不能直接被人体内的细胞利用的，还需要"加工"一下。谁负责这项工作呢？就是人体的消化系统，它由消化道和消化腺组成，负责把食物中的营养物质分解成可以被人体细胞吸收的养分。

人体的消化腺

唾液腺：分泌唾液，其中含有唾液淀粉酶，能初步消化食物中的淀粉。

胃腺：分泌的胃液中含有盐酸和蛋白酶，可初步消化蛋白质。

肝脏：人体最大的消化腺，其分泌的胆汁储存在胆囊中，再通过胆管、十二指肠进入小肠，可乳化脂肪。

胰腺：分泌的胰液中含有多种消化酶，进入小肠帮助消化糖类、脂肪和蛋白质。

肠腺：分泌的肠液中含有多种消化酶，可把糖类、脂肪和蛋白质分解为能被细胞直接吸收的养分。

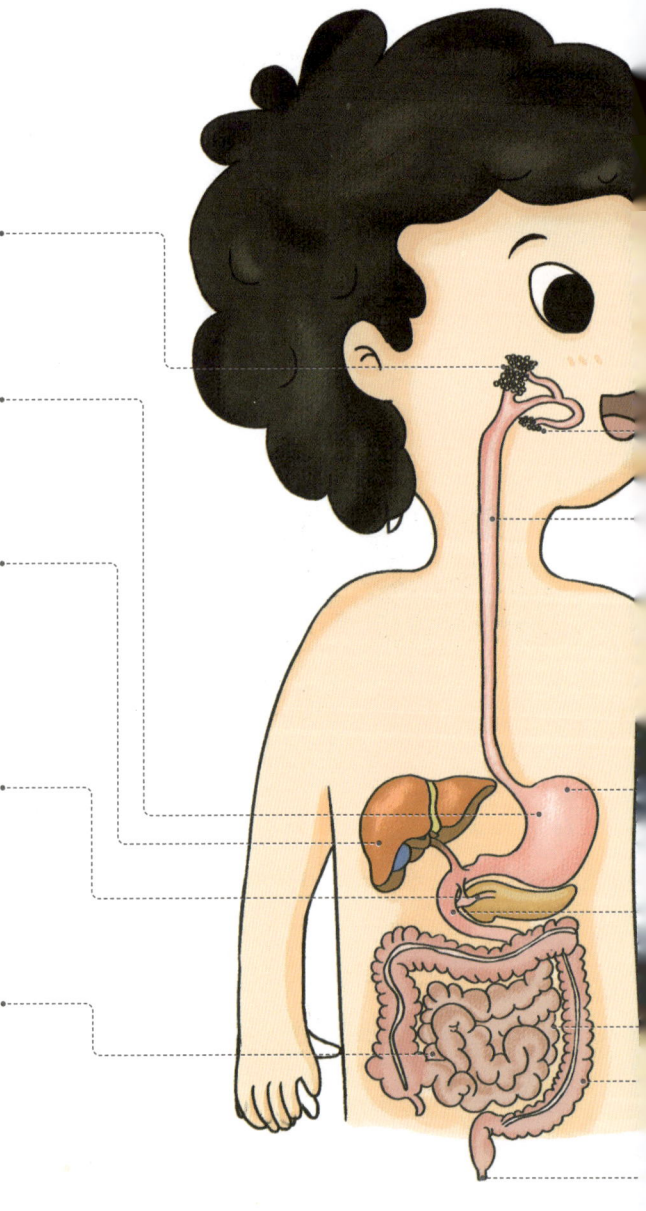

 食物在消化道内分解成可以被细胞吸收的物质的过程,叫作消化。消化后的小分子营养物质通过消化道壁进入血液和淋巴的过程,称为吸收。

人体的消化道

- **口腔**:消化道的起始部位,食物由此进入身体,牙齿负责将食物切断、磨碎,舌头负责搅拌,将食物与唾液充分混合。

- **咽**:通过吞咽动作,将嚼碎的食物推入食管。

- **食管**:通过蠕动,将食物推入胃中。

- **胃**:呈囊状,可在短时间内容纳大量食物。通过蠕动,把食物进一步磨碎,并与胃液充分混合,形成食糜,在吸收少量水分、无机盐后,将不能吸收的食糜推入十二指肠。

- **十二指肠**:小肠的起始部分,负责将胃推过来的食糜送入小肠,同时这里还有胆管、胰管的开口,可把胆汁、胰液引入小肠。

- **小肠**:消化道中最长的部分,成人的小肠有5~6米长,是人体吸收营养物质的主要器官。食糜中的淀粉、脂肪、蛋白质在消化液的共同作用下彻底分解,大部分被吸收,不能被吸收的残余物质则被推入大肠。

- **大肠**:长约1.5米,较粗大,有褶皱,可吸收剩余物质中的一部分水、无机盐和维生素,再通过蠕动,将食物残渣推向肛门。

- **肛门**:消化道的末端,由食物残渣形成的粪便通过肛门排出体外。至此,消化过程就结束了。

06 被吸收的养分如何到达全身

人体需要的各种养分被消化道吸收后，是怎么被运送给全身各处的细胞的呢？这就是循环系统的工作了。

血液循环系统包括心脏、血管及其中流动的血液，负责将营养物质和氧运往身体各处，同时将细胞产生的二氧化碳等废物运走。

循环系统相当于人体内一个繁忙的运输系统，运输的通道就是血管，分为动脉血管、静脉血管和它们之间的毛细血管。

动脉

负责把血液从心脏运送到身体各部分，血流速度快。动脉多分布在人体内较深的部位，在个别部位也能摸到。

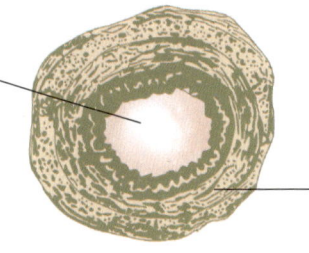

管径小。

管壁较厚，弹性较大。

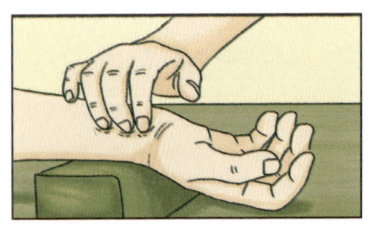

中医切脉时感受到的腕部脉搏跳动，其实就是动脉在搏动。

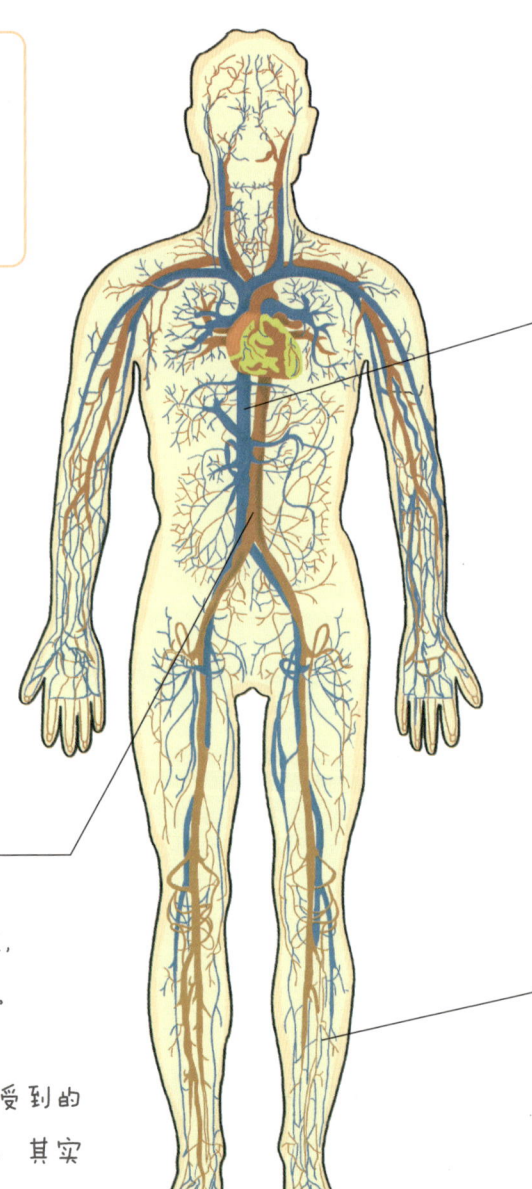

静脉

负责把血液从全身各部分送回心脏,血流速度较慢。在四肢静脉的内表面有静脉瓣,可防止血液倒流。静脉分布在人体内较深或较浅的部位,抽血化验和生病需要输液时扎的都是静脉。

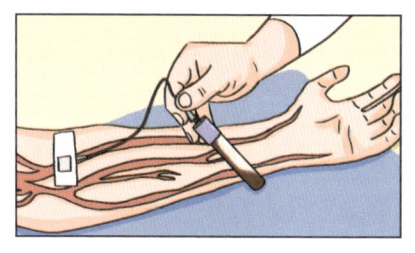

抽血化验

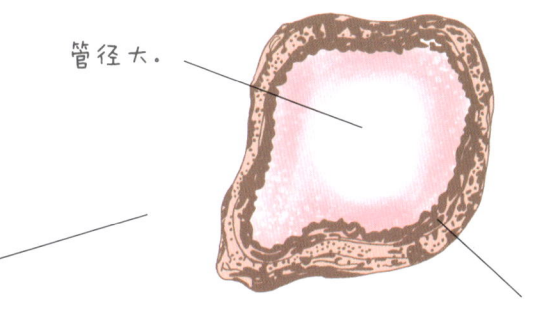

管径大。

管壁薄,弹性较小。

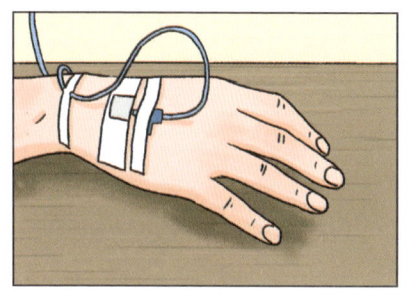

静脉输液

毛细血管

管壁非常薄,仅由一层扁平上皮细胞构成;管径最小,只允许红细胞单行通过;连通于最小的动脉和最小的静脉之间,血流速度最慢;在人体内分布最广,血液与组织细胞之间的物质交换都是在这里进行的。

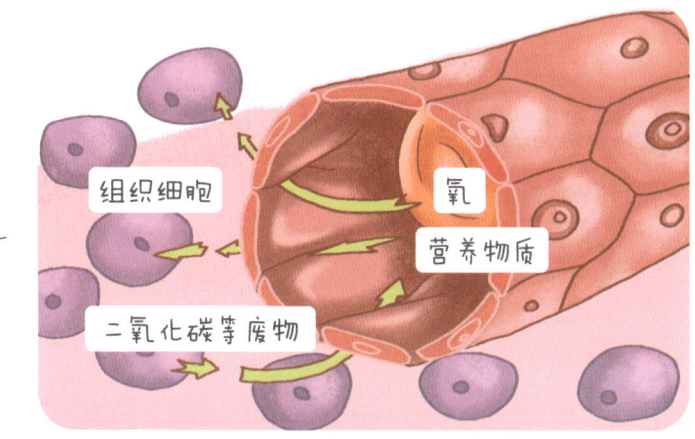

组织细胞

氧
营养物质

二氧化碳等废物

血液中的营养物质和氧可穿过毛细血管壁到达组织细胞,最后被细胞利用;组织细胞产生的二氧化碳与其他废物,可穿过毛细血管壁而进入血液被运走。

血液是在血管内流动的组织，主要成分为血浆和血细胞（红细胞、白细胞、血小板），是运输营养物质和氧的工具。

血浆是血液中的液态部分，呈淡黄色半透明，约占血液总量的55%。在消化道中被吸收的养分、人体代谢产生的废物，都是由血浆运输的。

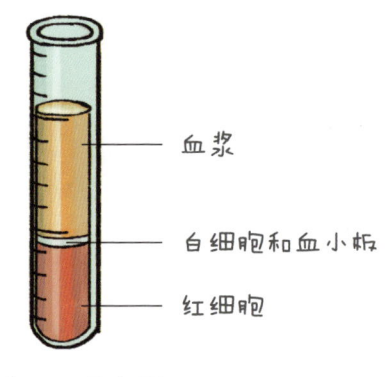

血液成分示意图

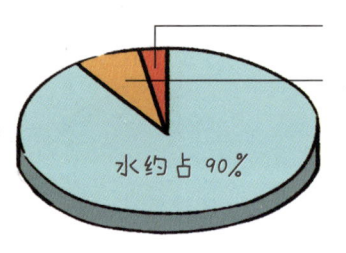

血浆成分示意图。

白细胞、红细胞、血小板各自都有不同的作用。

白细胞：数量少，体积最大，呈圆球状，负责吞噬侵入人体的病菌和异物。如果人体内的白细胞数量过多，很可能是身体有炎症。

血小板：数量较少，是最小的血细胞，形状不规则，能够加速血液的凝固和促进止血。如果人体内血小板数量过少，伤口就不容易愈合或出现异常出血；如果过多，则容易形成血栓，堵塞血管。

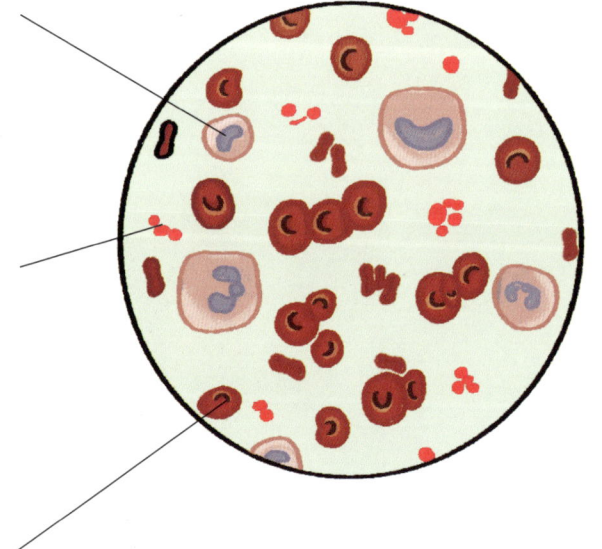

红细胞：数量最多，呈两面凹的圆饼状，富含血红蛋白，负责运输氧气和二氧化碳。如果红细胞减少，人体就会出现面色苍白、头晕、乏力等症状。

要想保证循环系统正常工作，人体内就必须维持一定的血量。成年人的血量一般为体重的7%~8%。如果因某些原因失血，使体内的血量减少，可能会对人体造成不同程度的影响。

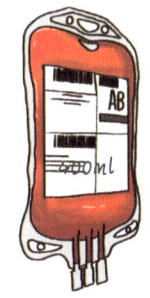

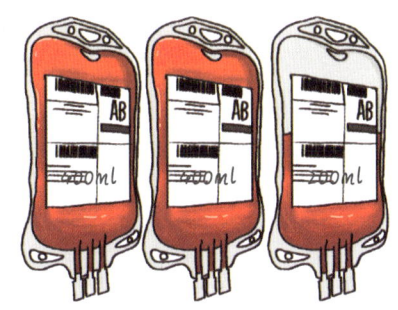

成人一次失血量不超过400毫升，对健康无影响。

成人一次失血量超过800毫升，会出现头晕、心跳加快、眼前发黑和出冷汗等症状，可能会出现生命危险。

输血时不能随便输，必须先知道受血者的血型。血型不合的人之间输血，可能会出现红细胞凝集现象，阻碍血液循环，给受血者带来更大的危险。

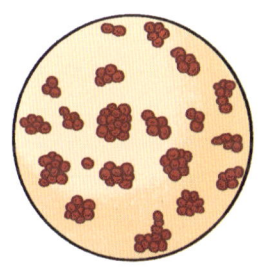
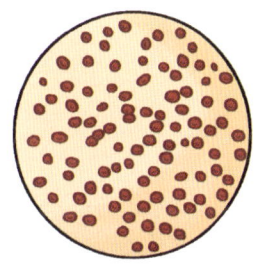

红细胞凝集　　红细胞不凝集

安全输血应以输同型血为原则，如果情况紧急且没有同型血时，任何血型的人都可以缓慢地输入少量的O型血，但大量输血时，仍需实行同型输血。

当然，要想输血，还必须要有献血者。一个健康的成年人，一次献血200~300毫升，不会影响身体健康。因此，为了挽救他人生命，符合献血条件的人，应积极参加无偿献血，奉献自己的爱心。

无偿献血

有了遍布全身的血管和足量的血液，怎么才能让血液在血管中流动起来呢？这就要靠心脏了。心脏通常位于胸腔中部偏左下方，在两肺之间，大小和我们的拳头差不多。

心脏是一个中空器官，分为四个腔：左心房、左心室、右心房、右心室，它们分别和血管相连。

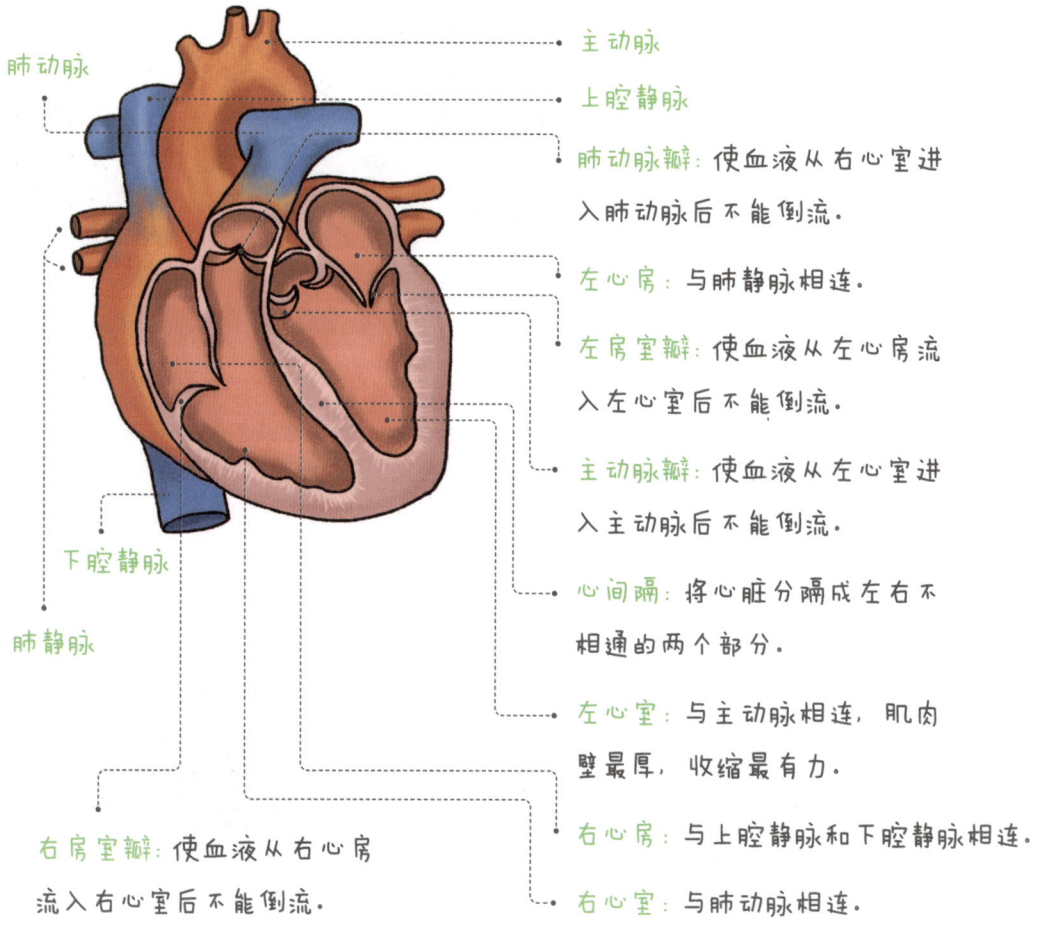

心脏主要是由心肌组成，而心肌能够自主地、有节律地收缩和舒张，像"泵"一样使血液在全身血管里循环流动。心脏的左右两个"泵"协同工作，每一次收缩和舒张构成一次心跳。

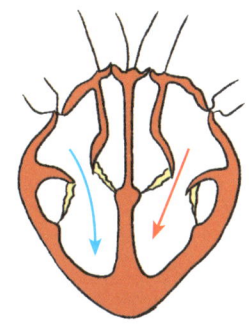

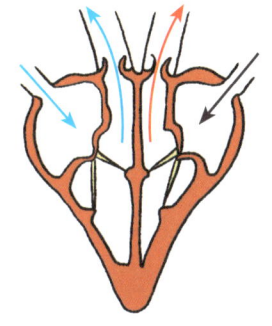

左右心房收缩，血液被压出心房，冲开房室瓣，分别进入左心室和右心室。

左右心室收缩，房室瓣关闭，血液冲开动脉瓣，分别泵至主动脉和肺动脉。

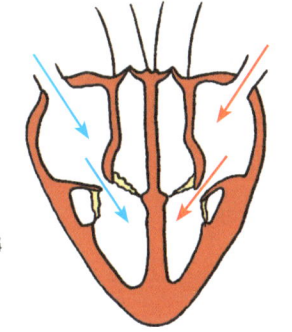

全心舒张，动脉瓣关闭，房室瓣打开，血液经静脉回流入左右心房。

虽然人的心脏重量只有300克左右，但它完成的工作量却十分惊人，需要一刻不停地跳动，以帮助血液在血管中循环往复，为人体运输营养和氧气，运走代谢废物。人工心脏起搏器和人造心脏就是根据心脏的工作原理研制发明的，使很多心脏病患者得以"重生"。

心率：心脏每分钟搏动的次数，在安静状态下，健康成年人的心率平均约为75次/分。

血压：血管内流动的血液对血管壁产生的侧压力。当心脏收缩时，动脉血压达到的最高值称为收缩压，正常值在90~140毫米汞柱之间（1毫米汞柱≈133.32帕）；当心脏舒张时，动脉血压下降到的最低值称为舒张压，正常值在60~90毫米汞柱之间。

脉搏：人体表可触摸到的动脉搏动。在正常情况下，每分钟脉搏的次数与心跳的次数是相同的。

那么，血液离开心脏后是通过什么路线在身体内循环流动、输送各种"货物"的呢？主要有两条循环路线：体循环和肺循环。体循环是血液在心脏与全身各组织器官之间的循环，肺循环则是血液在心脏与肺之间的循环。

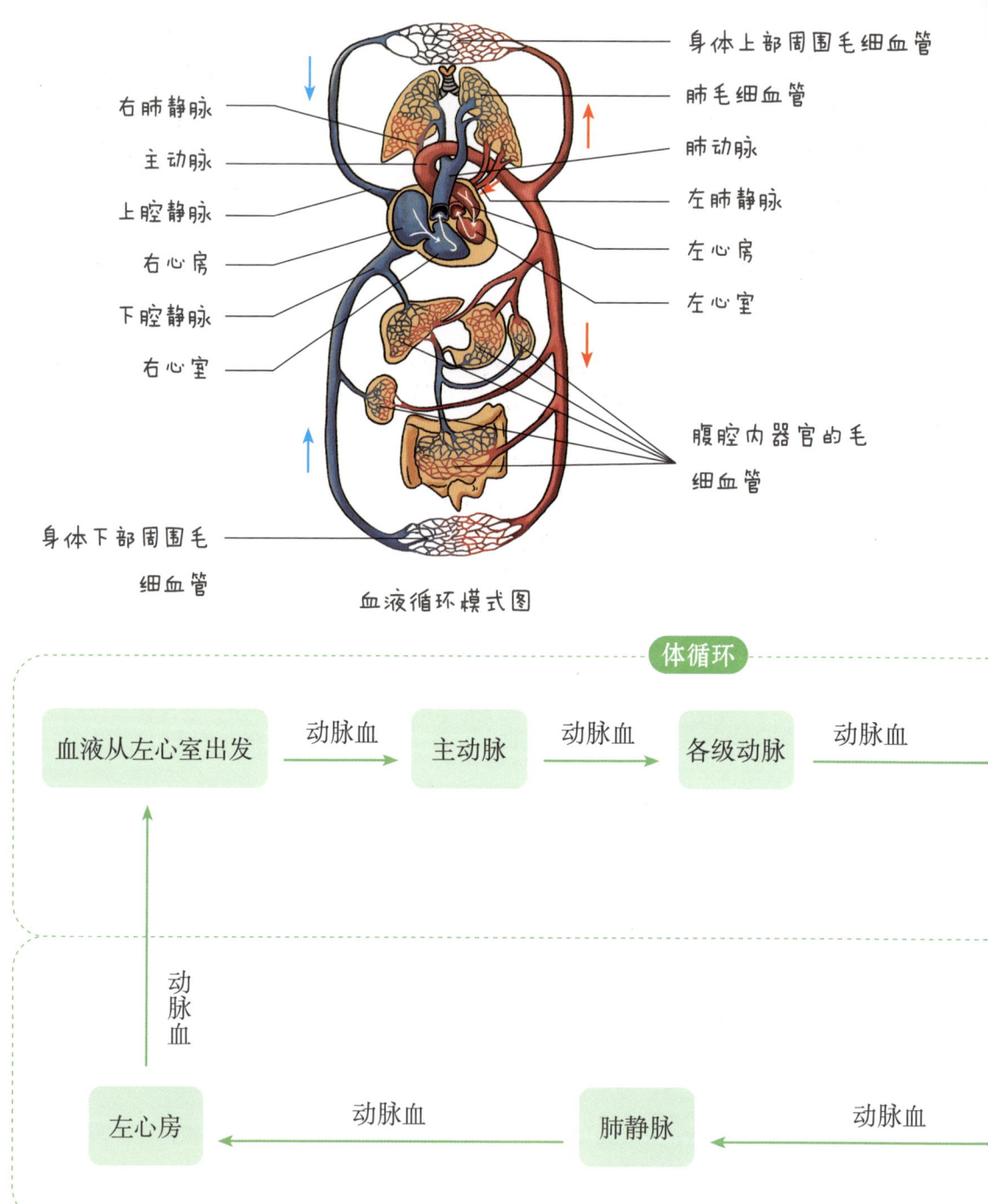

血液循环模式图

 体循环是血液从心脏左侧出发回到右侧,而肺循环则是血液从心脏右侧出发回到左侧,它们沿各自路线进行,在心脏处又连通在一起,这样就构成了一个完整的血液循环途径。

血液在全身循环一周大约需 30 秒的时间,可以保证除心脏以外的全身组织细胞的营养和氧气的供给。那构成心脏的细胞怎么办呢?它有自己的一个循环系统——冠脉循环,即血液由主动脉基部的冠状动脉流向心肌内部的毛细血管网,再由静脉流回右心房的循环。专门负责给心脏自身输送氧和营养物质并运走二氧化碳等废物。

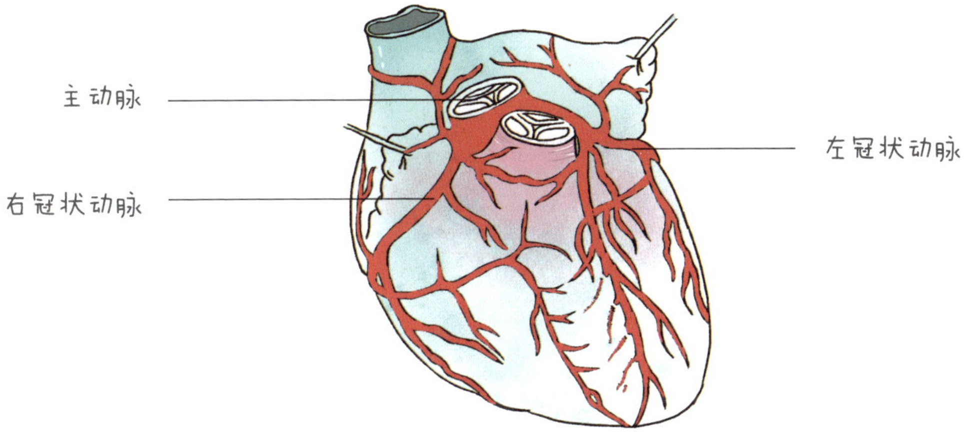

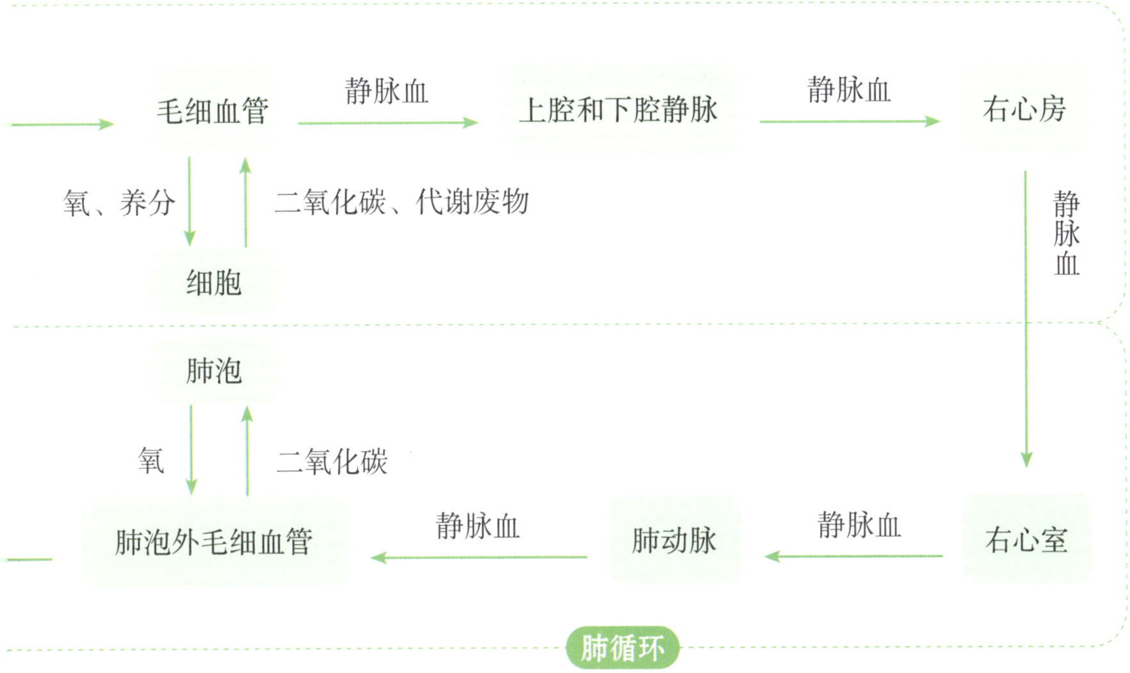

主动脉
右冠状动脉
左冠状动脉

毛细血管 →(静脉血)→ 上腔和下腔静脉 →(静脉血)→ 右心房

氧、养分 ↓ ↑ 二氧化碳、代谢废物

细胞

肺泡

氧 ↓ ↑ 二氧化碳

肺泡外毛细血管 ←(静脉血)← 肺动脉 ←(静脉血)← 右心室

肺循环

07 二氧化碳去哪了

循环系统运送出来的二氧化碳去了哪里？又是怎么排出体外的呢？这就要靠呼吸系统了。人体的呼吸系统是由呼吸道和肺组成，主要功能是为人体内的细胞提供氧气，同时把细胞产生的二氧化碳排出体外。

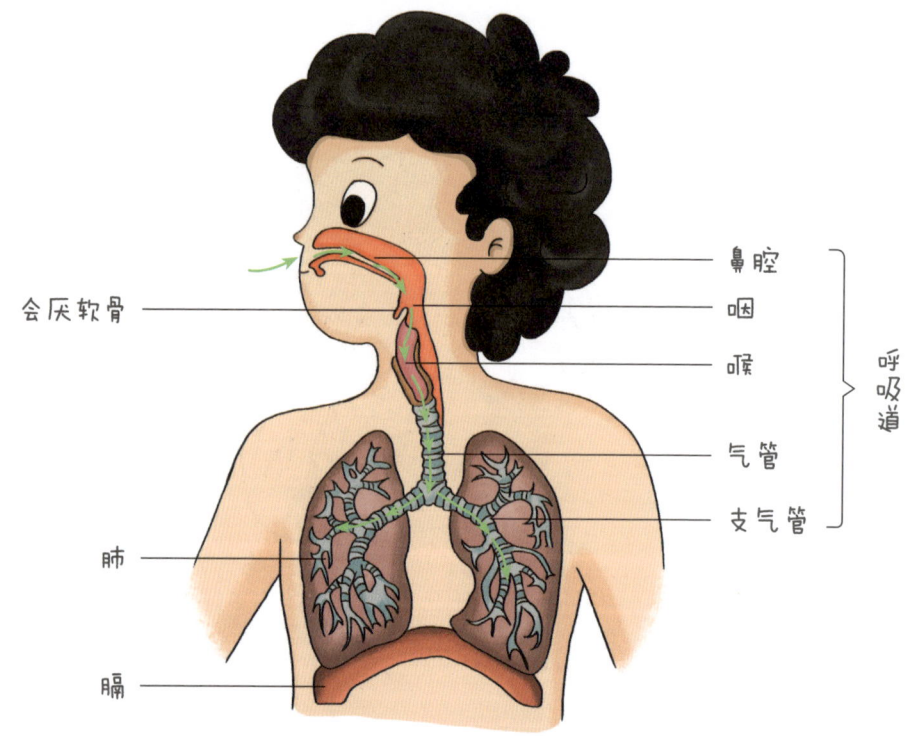

鼻——呼吸道的起始部位

鼻腔内的黏膜中有丰富的毛细血管、黏膜腺、鼻毛，可对吸入的气体起到清洁、湿润和升温的作用。

【小知识】

鼻腔通过鼻泪管与眼相连通，所以眼泪也有清洁鼻腔的作用。此外，鼻腔内壁还分布着上千万个嗅细胞，与大脑相连，因此鼻子能辨别出几千种气味。一般来说，女性的嗅觉比男性灵敏。

咽——呼吸道和消化道的交汇处

咽是由肌肉围成的管道，是气体和食物的共同通道，位置非常重要，所以，在军事上形容某条路线重要时，称之为"咽喉要道"。

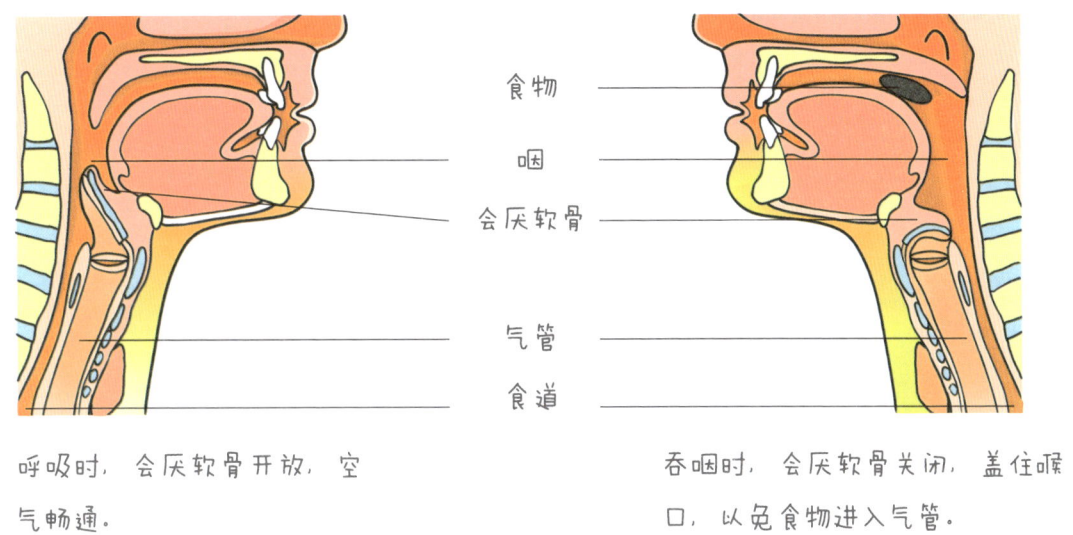

呼吸时，会厌软骨开放，空气畅通。

吞咽时，会厌软骨关闭，盖住喉口，以免食物进入气管。

喉——气管的顶端

喉以软骨为支架，喉室的中央有两条声带，声带之间的空隙叫声门裂，声音就是由声带发出的。所以，喉既是呼吸道，又是发声器官。

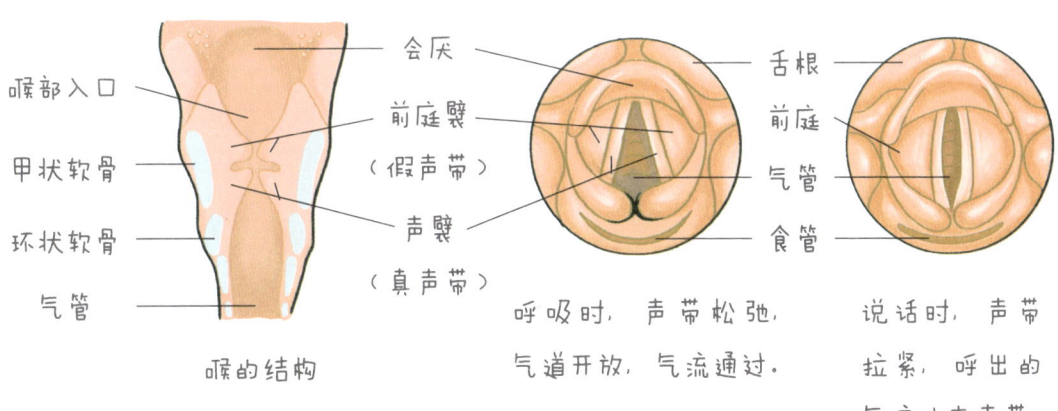

喉的结构

呼吸时，声带松弛，气道开放，气流通过。

说话时，声带拉紧，呼出的气流冲击声带，引起声带振动而发出声音。

气管——连接喉和肺的通道

气管由许多C形软骨构成,既能使气管具有一定的弹性,又能保持气管畅通。

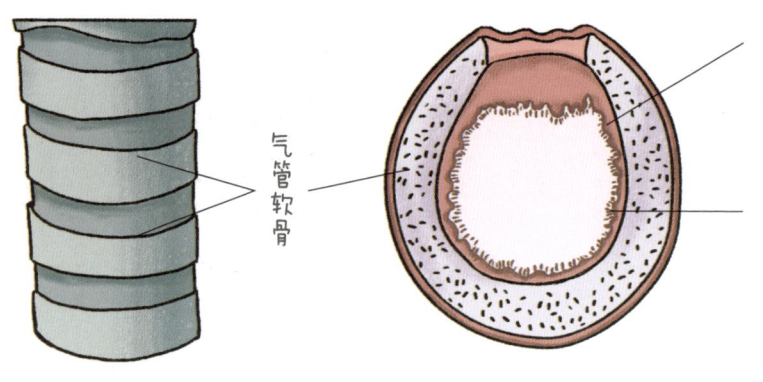

气管软骨

气管内壁上的黏膜能分泌黏液,粘住灰尘和细菌。

气管壁内表面上的纤毛不停摆动,将黏液推向喉部形成痰,再通过咳嗽排出体外。

支气管——气管的分支

气管在下端分成左、右两个支气管,分别通向左肺和右肺,然后在肺叶中像树枝一样不断分支,形成树枝状的气管树,分支的最末端连着许多肺泡。

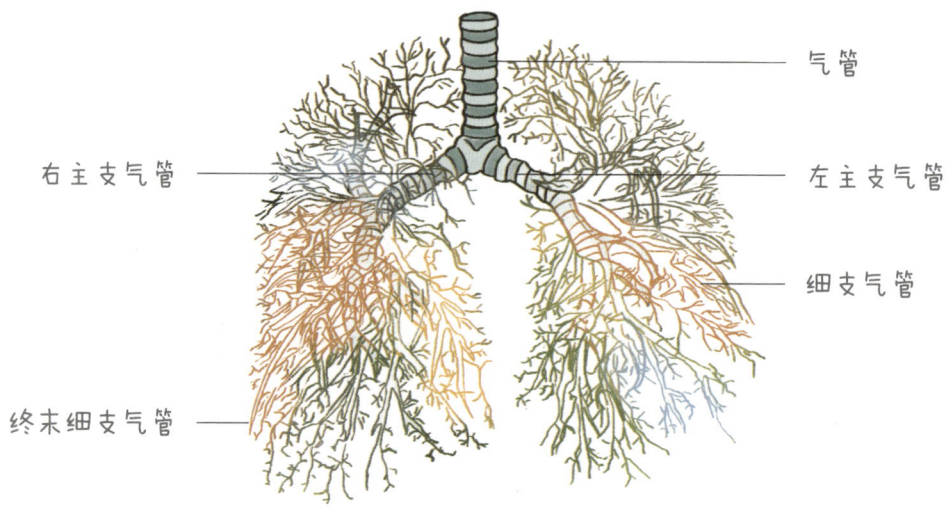

右主支气管　　气管　　左主支气管　　细支气管　　终末细支气管

肺——气体交换的场所

肺是呼吸系统的主要器官,气体交换的场所,左、右各一个,左肺有两叶,右肺有三叶,主要由细支气管的树状分支和肺泡组成,有弹性。人体就是通过有节律地吸气和呼气来完成肺与外界的气体交换,每分钟大约呼吸16次。

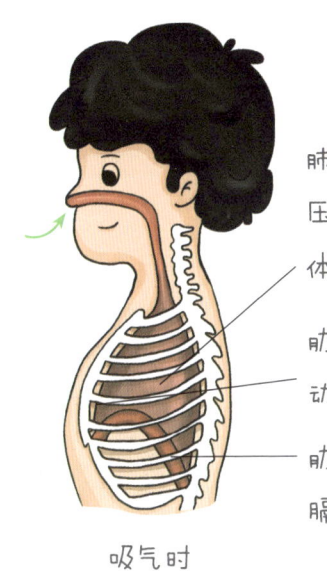

吸气时

肺扩张，肺内压力降低，气体吸入。

肋骨向上向外运动，胸廓扩大。

肋骨间的肌肉和膈肌收缩。

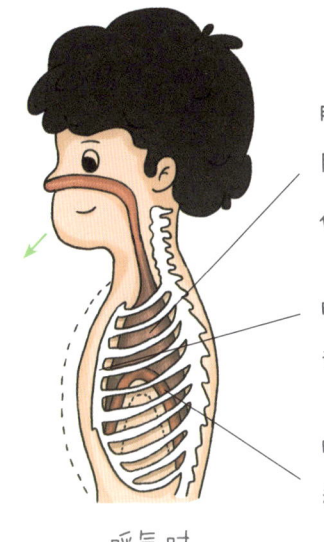

呼气时

肺收缩，肺内压力增大，气体呼出。

肋骨向下向内运动，胸廓缩小。

肋骨间的肌肉和膈肌舒张。

互动 用手按在胸部两侧，用力吸气和呼气，感受一下胸廓是不是在随着呼吸扩张和收缩。

那么，吸入肺内的气体是如何与血液中的红细胞进行气体交换的呢？在终末细支气管的末端，有一串串的肺泡，像小葡萄一样，上面布满了毛细血管，这就是红细胞获取氧气的地方。

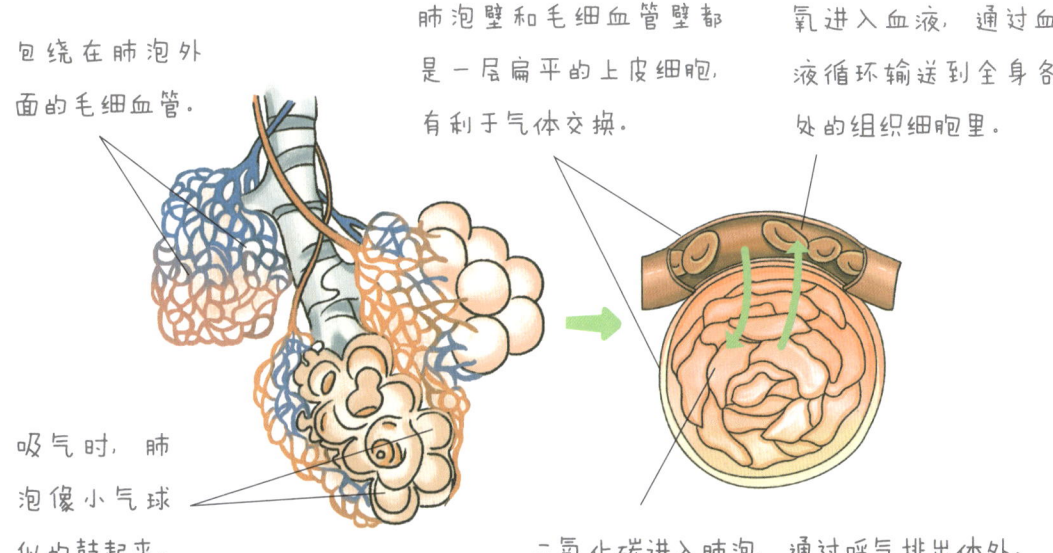

包绕在肺泡外面的毛细血管。

肺泡壁和毛细血管壁都是一层扁平的上皮细胞，有利于气体交换。

氧进入血液，通过血液循环输送到全身各处的组织细胞里。

吸气时，肺泡像小气球似的鼓起来。

二氧化碳进入肺泡，通过呼气排出体外。

08 血液中的垃圾怎么排出

红细胞把二氧化碳送到了呼吸系统,那血浆会把代谢的废物送到哪里去呢?当然是泌尿系统了。人体泌尿系统由肾脏、输尿管、膀胱和尿道等组成。最主要的任务就是通过排尿将人体产生的废物排出体外。

输尿管

上接肾盂,下连膀胱,是一对细长的管道,呈扁圆柱状,全长20~30厘米,主要功能就是把肾脏形成的尿液输送到膀胱。

膀胱

暂时储存尿液的囊状器官,富有弹性,形状和大小会随着蓄尿的多少而发生变化,一般最大容量为800毫升。

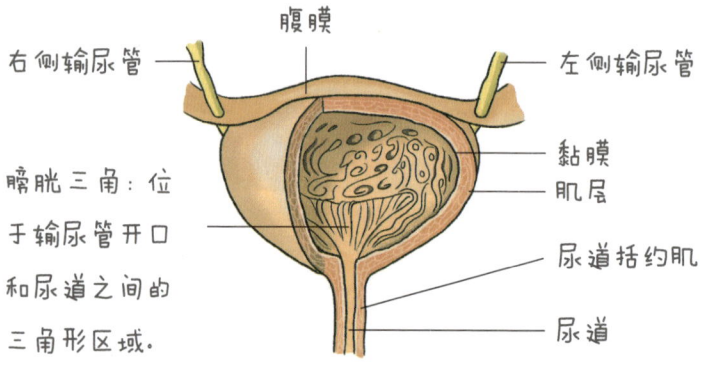

膀胱三角:位于输尿管开口和尿道之间的三角形区域。

尿道

从膀胱通向体外的管道。当膀胱内的尿液储存到一定量时,膀胱壁收缩,尿道括约肌舒张,使尿液经尿道排出体外。

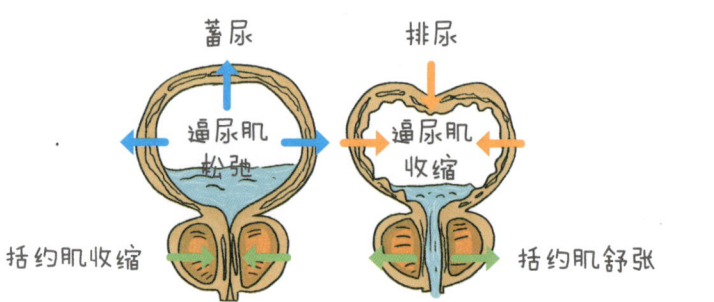

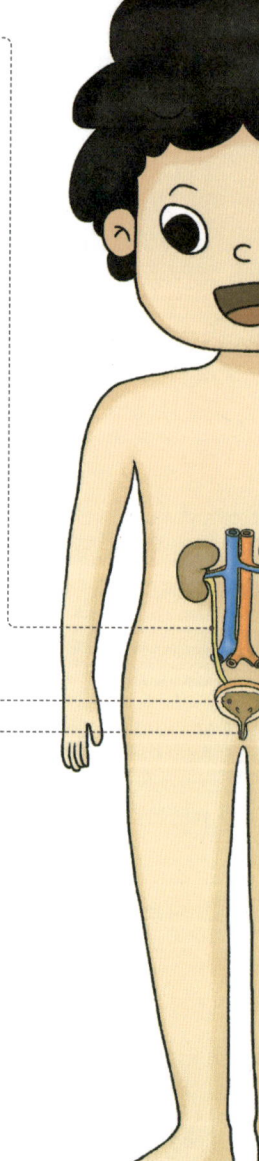

肾脏

外形像蚕豆，呈红褐色，由肾盂和肾实质（皮质和髓质）两部分组成，是形成尿液的器官。

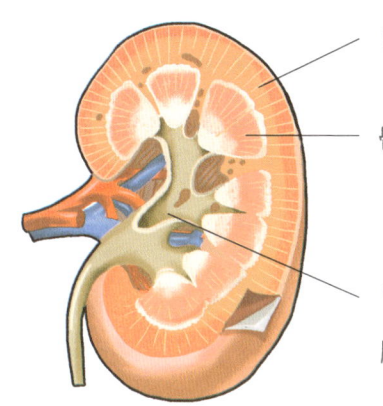

皮质：肾小体和肾小管的主要所在。

髓质：肾锥体的主要所在。

肾盂：一个漏斗状空腔，输尿管的上端。

尿的形成主要包括肾小球的滤过作用和肾小管的重吸收作用。

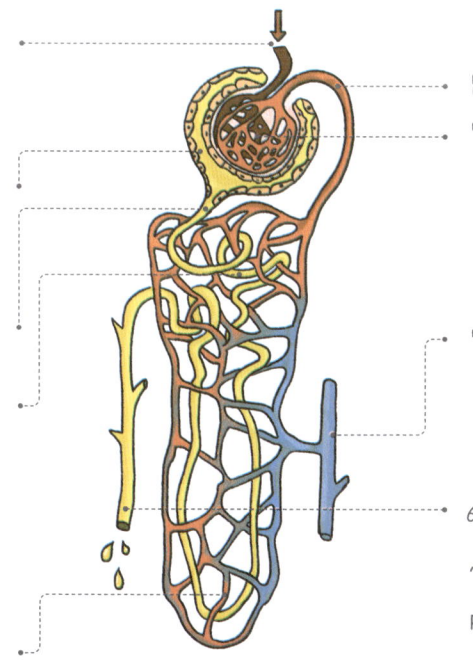

1. 血液经入球小动脉进入肾小球。

2. 经肾小球过滤后的原尿进入肾小囊。

3. 原尿进入肾小管。

4. 原尿流经肾小管时，其中对人体有用的物质被肾小管重新吸收。

5. 重新吸收的有用物质进入毛细血管中，又重新回到血液里。

出球小动脉。

肾小球。

肾静脉。

6. 剩下的废物则由肾小管流入肾盂，形成尿液，每天大约有 1.5 升。

09 尿意是怎么产生的

人有了尿意，才会去排尿，那尿意是怎么产生的呢？这就是神经系统的作用了。人体的神经系统由脑、脊髓和它们发出的神经组成。

大脑：包括左右两个大脑半球。大脑皮层呈灰色，有140多亿个神经元，构成了感觉、运动、语言、听觉等多个神经中枢，用来调节生命活动。

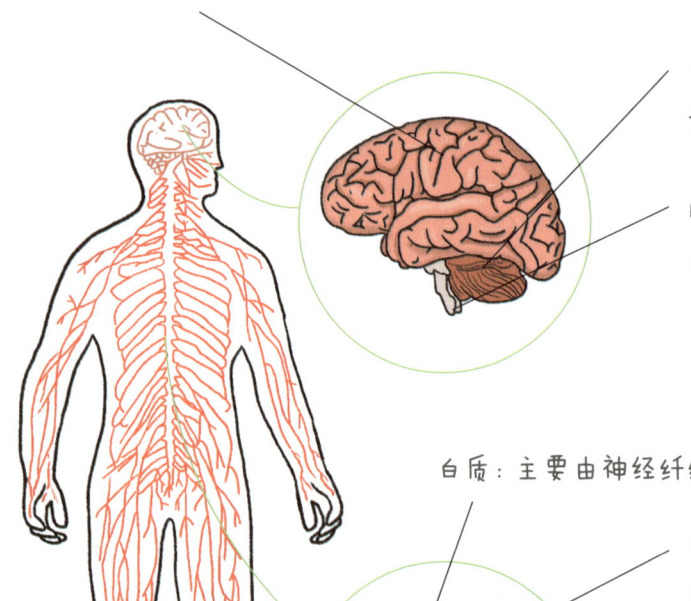

小脑：位于大脑的后下方，能协调运动，维持身体平衡。

脑干：位于大脑的下方、小脑的前方，下部与脊髓连接。负责调节心跳、呼吸、血压等。

白质：主要由神经纤维构成。

灰质：主要由神经元的细胞体构成。

脊髓：位于脊柱的椎管内，具有反射传导的功能，是脑与躯干、内脏之间的联系通路。

神经系统的组成和功能

神经：由脑发出的神经叫脑神经，大多分布在头部的感觉器官、皮肤、肌肉等处，共12对；由脊髓发出的神经叫脊神经，分布在人体的躯干、四肢的皮肤和肌肉里，共31对。脑和脊髓还有通向内脏的神经。

神经细胞（又叫神经元）是神经系统结构和功能的基本单位，负责接收刺激，产生、传导冲动。神经冲动的传导方向：树突→细胞体→轴突。

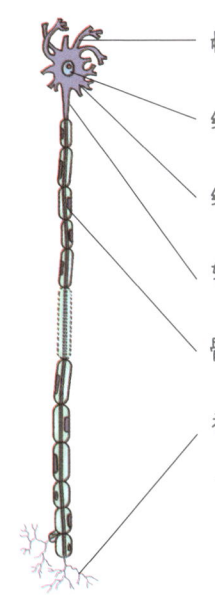

树突：短而呈树枝状分支的突起，负责接收信息。

细胞核：细胞代谢和遗传的控制中心。

细胞体：分布在脑和脊髓里。

轴突：长突起，一个神经细胞上只有一个，负责传递信息。

髓鞘：包裹在轴突外面组成神经纤维，起保护和绝缘的作用。

神经末梢：神经纤维末端的细小分支，分布在全身各处，与下一个神经细胞的树突相连。

 刺激是指外界或体内能够引起机体反应的变化，比如充盈的尿液对膀胱壁的压力就是一种刺激。

当膀胱储存的尿液达到一定量时，神经细胞接收到刺激，上传给大脑，大脑收到信息后，人就产生尿意了，整个过程仅需几秒钟。这种神经系统对刺激的反应就叫反射。按照反射形成的特点，可分为两类：

非条件反射：人天生就有的，不需要经过大脑，比如碰到很烫的东西会迅速缩手。

条件反射：人们通过经验的积累形成的，比如想起梅子就流口水。

10 人体用什么感知外界环境

有了尿意，就需要去排尿，但先要找到卫生间。怎么才能找到卫生间呢？这就要靠人体表面的感受器了。

 感受器是人体感受外界刺激的结构，比如眼、耳、鼻、舌、皮肤等。

我们能够看到卫生间，首先离不开眼睛。眼是人体的视觉器官，主体结构就是眼球。

睫状体：内有睫状肌，可调节晶状体的曲度。

巩膜：白色，坚韧，保护眼球内部结构。

脉络膜：内有血管和色素细胞，给视网膜提供营养，并使眼内形成"暗室"。

视网膜：含有许多对光线敏感的细胞，能感受光的刺激。

虹膜：中央为瞳孔，可调节进入眼中的光线量。

晶状体：透明，有弹性，通过曲度变化，使光线准确地成像于视网膜上。

瞳孔：光线的通道。

黄斑：感光细胞集中分布的部位。

角膜：无色、透明，内有感觉神经末梢，可以透过光线。

视神经：收集视觉信息，传导神经冲动给脑。

盲点：视神经突出眼球的部位，没有感光细胞。

房水：晶状体和角膜之间的透明水样液体。

玻璃体：透明胶状物质，支撑眼球壁，并折射光线。

假如你的前面就是卫生间,你是怎么看到门上的标识的呢?

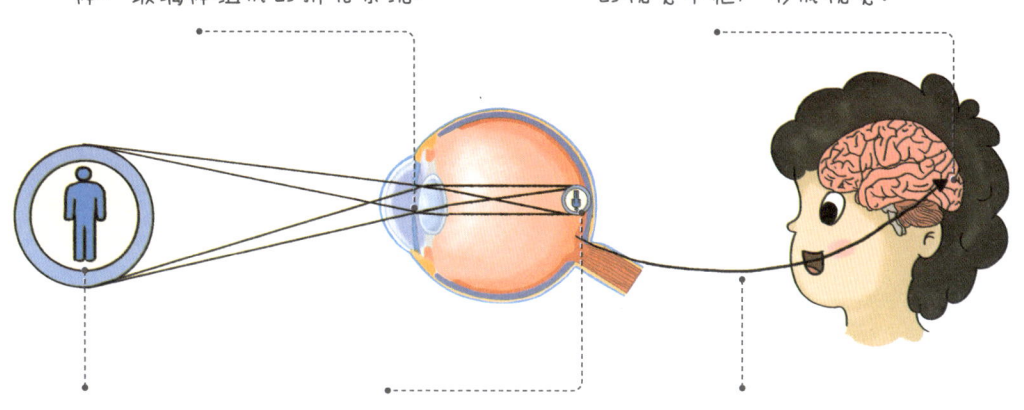

光线依次经过角膜、瞳孔、晶状体、玻璃体组成的折光系统。

神经冲动沿视神经传给大脑皮层的视觉中枢,形成视觉。

物体发出或反射的光进入眼睛。

经过折射落在视网膜上形成一个倒像。

视网膜上对光线敏感的细胞获得图像信息时,会产生神经冲动。

发现了吗?卫生间的标识只有落到视网膜上,你才能够清晰地看到它。如果没有落到视网膜上,你看到的标识就是模糊不清的,也就是我们常说的近视或远视。

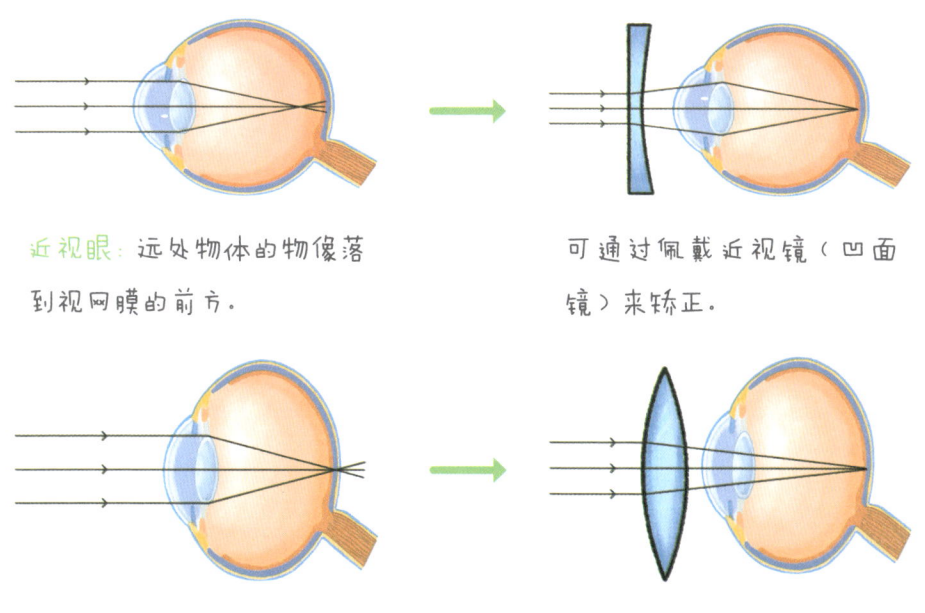

近视眼:远处物体的物像落到视网膜的前方。

可通过佩戴近视镜(凹面镜)来矫正。

远视眼:近处物体的物像落到视网膜的后方。

可通过佩戴远视镜(凸面镜)来矫正。

耳和听觉

我们周围的环境中充斥着各种各样的声音，所以，人从外界接收的各种信息中，听觉信息的数量是仅次于视觉信息的。

听觉是人和动物因声波的刺激产生的感觉。

耳是人的听觉器官，那么，你是怎么听到声音的，听觉是怎么形成的呢？人的听觉是由耳、听神经和大脑皮层的听觉中枢共同参与形成的。

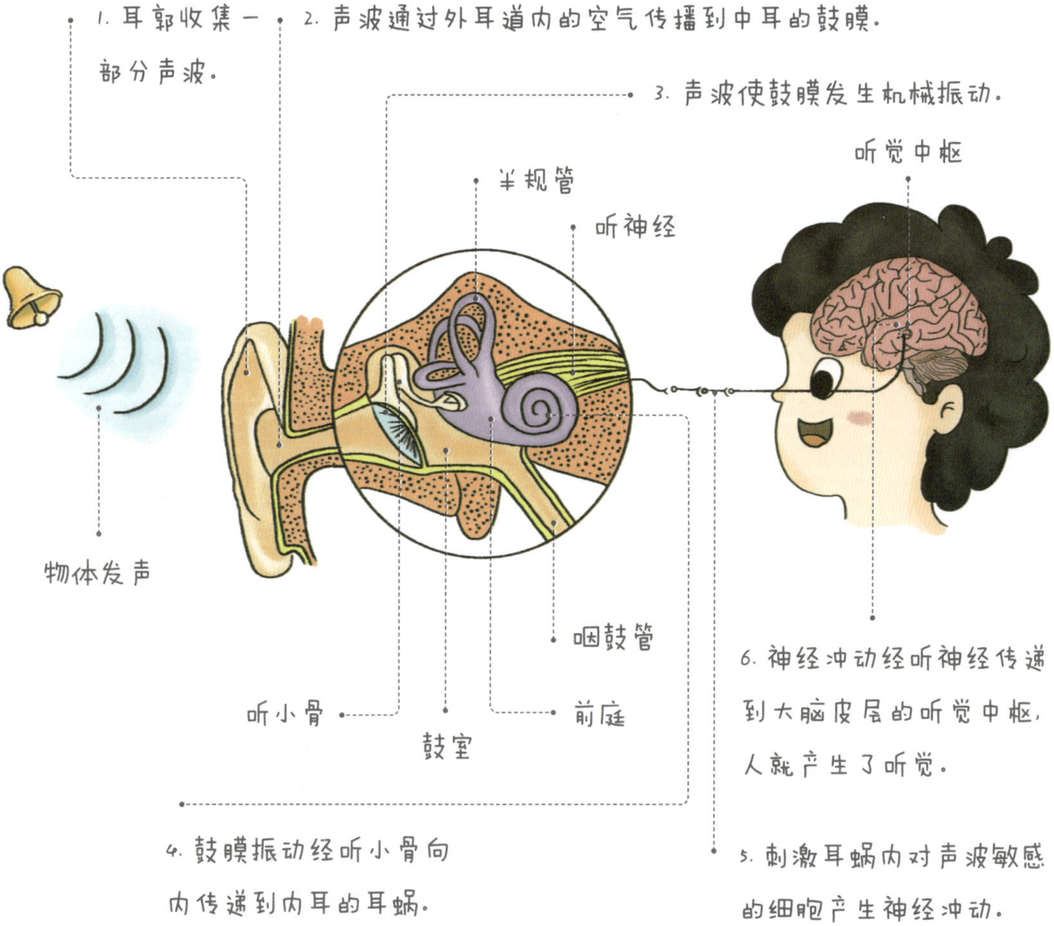

1. 耳郭收集一部分声波。
2. 声波通过外耳道内的空气传播到中耳的鼓膜。
3. 声波使鼓膜发生机械振动。
4. 鼓膜振动经听小骨向内传递到内耳的耳蜗。
5. 刺激耳蜗内对声波敏感的细胞产生神经冲动。
6. 神经冲动经听神经传递到大脑皮层的听觉中枢，人就产生了听觉。

物体发声　听小骨　鼓室　咽鼓管　前庭　半规管　听神经　听觉中枢

当外耳道堵塞或鼓膜、听小骨受损时,都会造成声波无法传导到内耳,不能形成听觉。所以,我们一定要注意用耳卫生。

听到巨大声响时,应及时把口张开或者堵耳、闭嘴。

鼻咽部有炎症或患中耳炎要及时治疗。

不要长时间使用耳机或随意放大耳机的音量。

不要随意用尖锐的东西掏耳。

外耳道进水后要及时清理。

鼻和嗅觉

鼻是人体的嗅觉器官。嗅觉感受器位于鼻腔顶部，叫作嗅黏膜，这里有许多对气味十分敏感的嗅细胞，人体就是依靠它来感知各种气味。

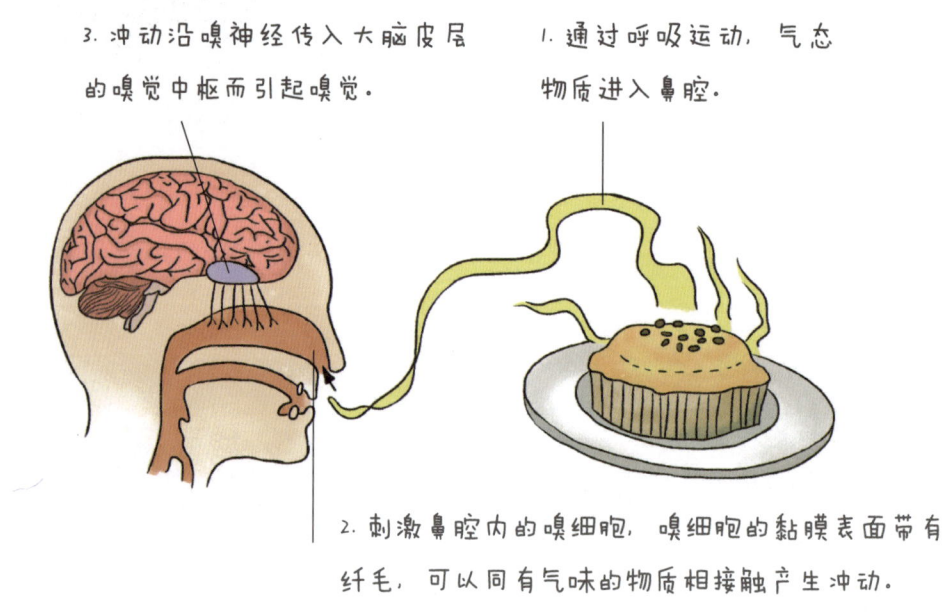

3. 冲动沿嗅神经传入大脑皮层的嗅觉中枢而引起嗅觉。

1. 通过呼吸运动，气态物质进入鼻腔。

2. 刺激鼻腔内的嗅细胞，嗅细胞的黏膜表面带有纤毛，可以同有气味的物质相接触产生冲动。

舌和味觉

舌是人体的味觉器官，能够感受到甜、酸、苦、咸等多种味道。来看看味觉是怎么形成的吧！

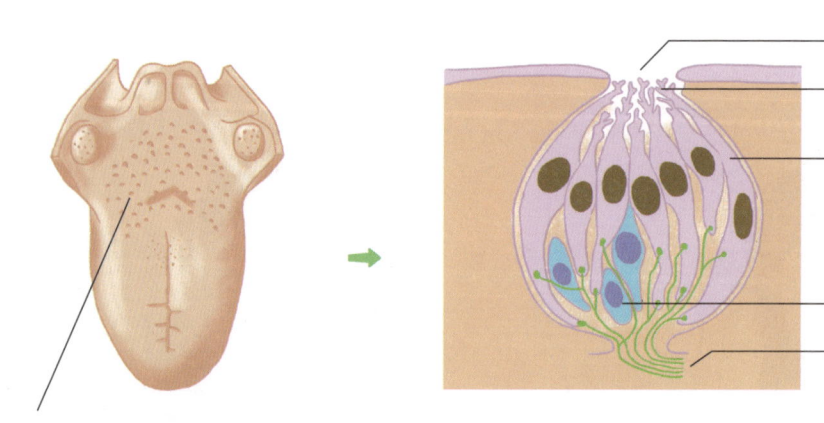

味孔
味毛
味细胞
基细胞
味觉神经

舌的上表面和两侧有许多对味道十分敏感的突起，上面分布着味蕾。

味蕾中的味细胞就是味觉感受器，能够感受到液态物质的刺激，产生兴奋，并经过神经传递到味觉中枢，从而形成味觉。

皮肤和触觉、温度觉、痛觉、本体觉

皮肤是人体的触觉器官，能够感受外界的冷、热、痛、触、压等刺激。这些感觉功能使人体全面、准确、迅速地感知环境的变化，及时作出判断和反应。

触觉：人体皮肤与外界物体接触时产生的感觉，并能对物体的特征做出一定判断，以唇、眼睑和指尖等部位的触觉最灵敏。

温度觉：人体的皮肤等部位对温度变化产生的冷、热感觉，是由皮肤表层中的冷、热感受器引起的。

当环境气温低于20℃时，皮肤中的冷感受器就会受到刺激，我们就会感到冷。

当环境气温高于33℃时，皮肤中的热感受器就会受到刺激，我们就会感到热。

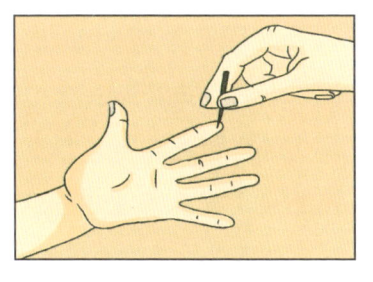

痛觉：即用机械的、化学的或超常温度等伤害性刺激，作用于皮肤或机体的其他器官、组织时产生的一种强烈感觉，是人和动物的一种保护性反应。比如辣味不是味觉，而是辣椒素等刺激人体产生的痛觉。

本体觉：即健康的人不依靠双眼，完全可以感知自己肢体的位置和运动状态，比如闭上双眼，用手指捏住大脚趾，上下晃动，就能知道所捏的位置和运动方向。

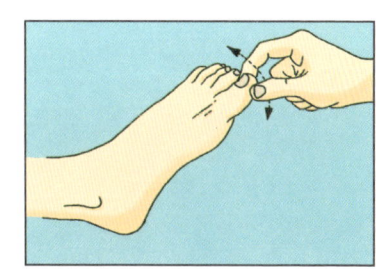

11 是谁让你动起来

无论大脑发出了什么指令，都需要身体马上动起来去执行，而身体动起来离不开运动系统。人的运动系统由骨、骨连结（关节）和骨骼肌三部分构成。

骨是一种器官，形态不一，成年人共有206块骨，它们通过骨连结（关节）以不同形式连接在一起，构成骨骼，形成人体的基本形态。

颈椎骨：能活动，由椎间盘和韧带相连，相邻椎骨上下切迹围成椎间孔，有脊神经和血管通过。

胸骨：长形扁骨，主要作用就是保护心脏和肺脏。

肱骨、股骨：属于长骨，多呈管状，中间的骨干稍细，两端的骨骺（hóu）膨大等。

骨连结（关节）：借助纤维结缔组织、软骨等，在骨与骨之间形成连结，使人体各部分能够灵活运动。

头部颅骨：各骨之间多以骨缝相连，无活动性，结构比较牢固，可以很好地保护内部的脑。

脊椎骨：不能活动，以椎间盘相连，椎间盘具有弹性，可减缓运动对脑的震荡。

骨盆：连结脊柱和下肢之间的盆状骨架，由坚强的韧带支持连结，形成关节。既是下肢的活动基础，又可保护腹盆内的器官。

腕骨、跟骨：属于短骨，一般为较大的颗粒状。

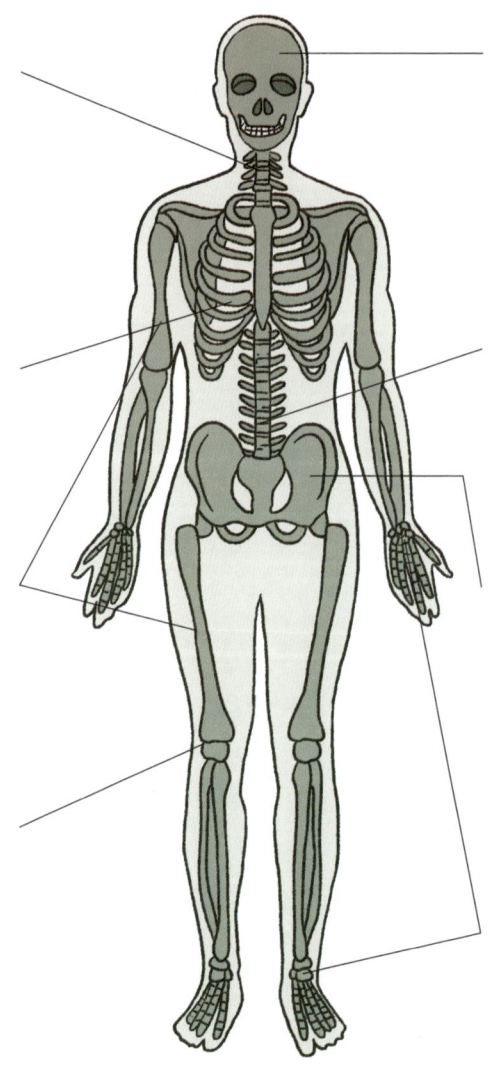

人体的骨骼

骨骼肌就是附着在骨骼上的肌肉，由肌腱和肌腹两部分组成。人体内的骨骼肌有 600 多块，约占体重的 40%。

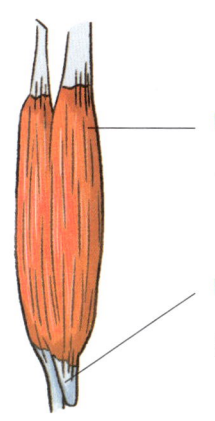

肌腹：骨骼肌中部较粗大的部分，受刺激后可收缩。

肌腱：两端较细、乳白色的部分，通常两端分别附着在两块骨上。

骨骼肌内有丰富的血管和神经，当它受神经传来的刺激收缩时，就会牵引骨绕关节活动，从而产生躯体运动。可以说，骨骼肌的收缩力是运动的动力。现在，试着做一下肘部屈伸动作，感受一下骨骼肌的变化。

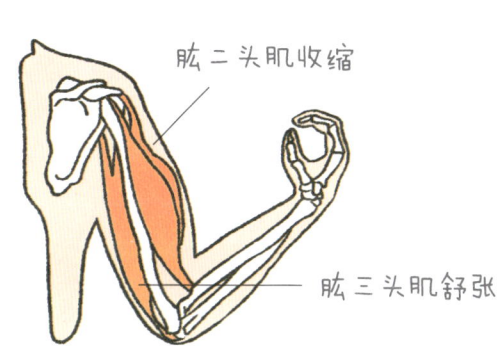

当肱二头肌收缩，肱三头肌舒张时，肘部弯曲。

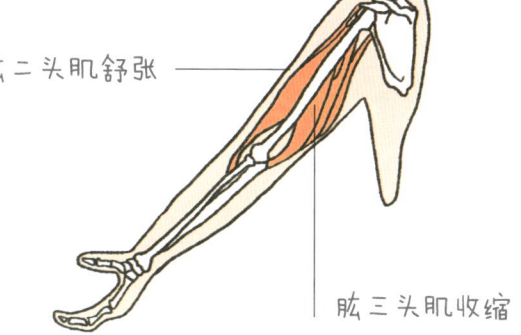

当肱三头肌收缩，肱二头肌舒张时，肘部伸展。

在人体的运动中，骨起支撑作用，骨骼肌起动力作用，关节则是运动的枢纽。

12 情绪激动时为什么心跳加速

人体的生命活动除了受神经系统的调节,也会受激素的调节。激素由人体内的内分泌腺分泌,随血液循环输送到全身各处,辅助神经调节人体的生命活动。

垂体:位于脑的下方,能分泌生长激素、促甲状腺激素等多种激素,其中的生长激素对调节人体的生长发育至关重要。

幼年时生长激素分泌过少,会导致侏儒症。

幼年时生长激素分泌过多,会导致巨人症。

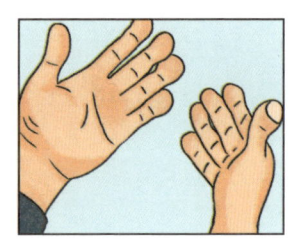
成年时生长激素分泌过多,会导致肢端肥大症。

甲状腺:在喉和气管两侧,是人体内最大的内分泌腺,分泌甲状腺激素,能促进生长发育和新陈代谢。

幼年时甲状腺激素分泌不足会导致呆小症。

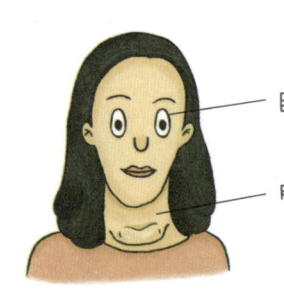
成年人甲状腺激素分泌过多会导致甲状腺功能亢进症。

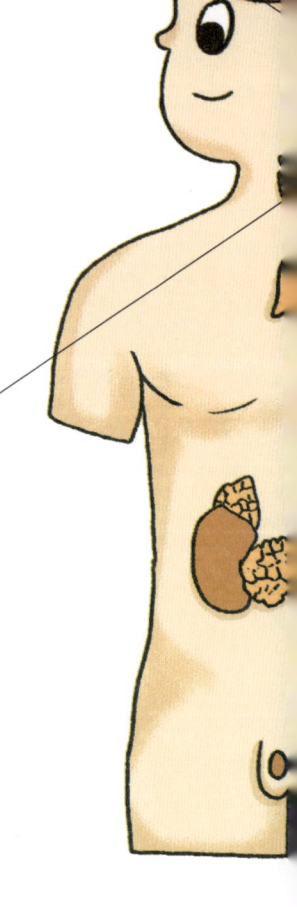
人体的内分泌系统

 人体内分泌腺有垂体、甲状腺、肾上腺、胰岛和性腺（睾丸、卵巢）等，共同组成人体的内分泌系统，分泌多种激素，调节人体的生长、发育和生殖等生命活动。

胸腺：位于胸部，分泌胸腺激素，能调节和增强人体细胞的免疫功能。如果分泌异常，就会导致免疫力下降，甚至诱发类风湿性关节炎等免疫疾病。

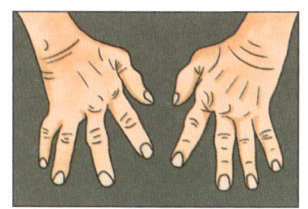

肾上腺：双肾上方，分泌肾上腺素、糖皮质激素等多种激素。当人在情绪激动、兴奋、恐惧、紧张的时候，会心跳加快、面红耳赤，这就是肾上腺素分泌增加所致。

胰岛：位于胰腺中，分泌胰岛素和胰高血糖素等，具有调节血糖浓度的作用。当人体胰岛素分泌不足时，会引起糖尿病。

糖尿病的典型症状

性腺（卵巢、睾丸）：分别位于女性子宫两侧和男性阴囊内，主要分泌性激素，刺激生殖器官的生长和发育，并维持生殖功能。

13 无处不在的微生物

生物中有一类比较特别的物种,大部分个体非常微小,用肉眼很难直接看到,但却与人类关系非常密切,影响也很大。猜到是什么了吗?对,就是微生物,我们周围到处都是,种类繁多,最主要的有三种:细菌、真菌、病毒。

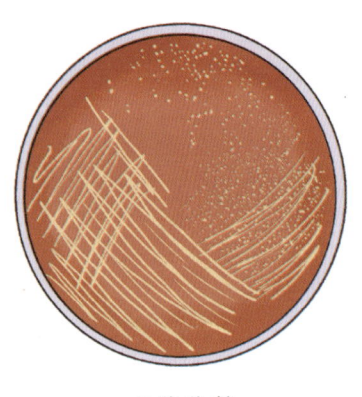
细菌菌落

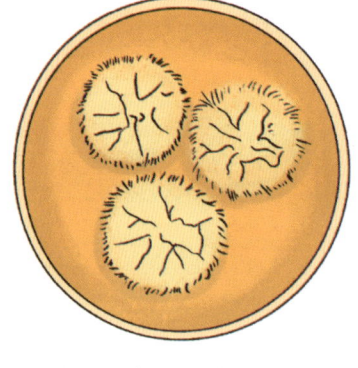
真菌菌落

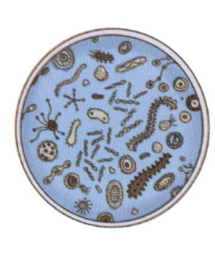
各种病毒

细菌是所有生物中数量最多的,且十分微小,大约 10 亿个细菌堆积起来,才有一颗小米粒那么大。细菌的样式主要分为三类:

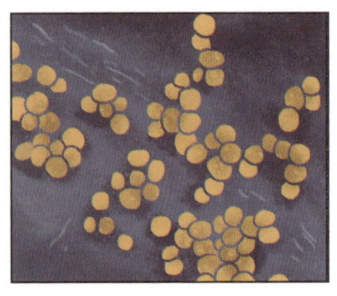
球形的叫作球菌

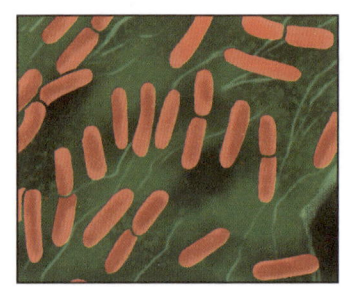
杆形的叫作杆菌

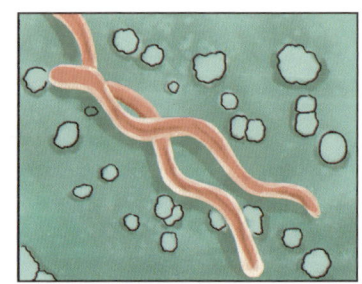
有些弯曲的或呈螺旋形的叫作螺旋菌

细菌都是单细胞的生物,没有成形的细胞核,遗传物质位于细胞中特定区域内。

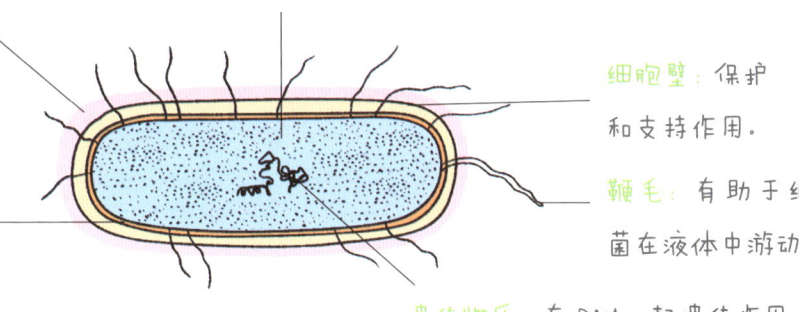

荚膜：起保护和营养作用，与细菌的致病性有关。

细胞质：能流动，新陈代谢的主要场所。

细胞壁：保护和支持作用。

细胞膜：控制物质的进出。

鞭毛：有助于细菌在液体中游动。

遗传物质：有DNA，起遗传作用。

每个细菌都是独立生活的，只要能量充足，细菌就会迅速长大并分裂生殖。

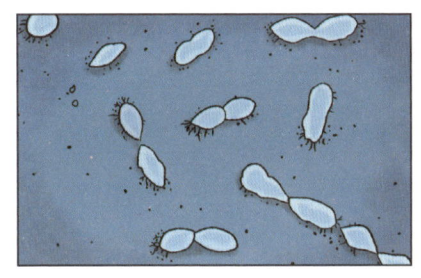

一个细菌，通过细胞分裂产生两个形状、大小、结构相似的新细菌。

在适宜的条件下，有的细菌每20~30分钟就可以分裂一次，繁殖速度非常快，加上身体十分微小，极易传播，所以，在地球上的任何地方都能找到细菌的踪迹。

土壤中　　岩石上　　极地的冰雪中

火山口　　生物体的表面　　生物体的内部

正因为细菌分布如此广泛,所以与人类的关系十分密切,有些细菌是人类的朋友。

甲烷菌能将农作物秸秆、粪尿中的有机物分解产生甲烷(沼气),是宝贵的生物能源,可用于做饭、照明、取暖。

利用细菌分解生活污水和工业废水中的有机物,使污水得到净化。

利用苏云金杆菌、杀螟杆菌等制作生物杀虫剂,减少农药的使用,防止环境污染。

利用乳酸杆菌制酸奶、泡菜和奶酪,醋酸杆菌制醋,棒状杆菌制味精等。

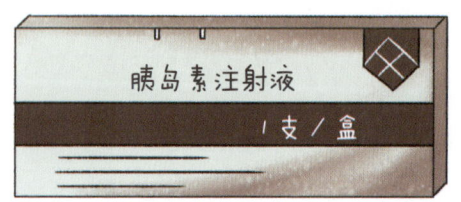

利用肠道内的大肠杆菌生产胰岛素、干扰素等药物。

利用毒性减弱或被杀死的细菌制成疫苗，给人体注射后可预防相应的疾病。

有些细菌则对人类有害，应加以控制。

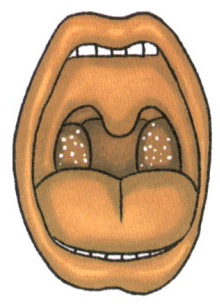  

链球菌或者葡萄球菌会导致扁桃体炎。

结核杆菌会使人得结核病。

有些细菌会使蔬菜、水果、肉类等食品腐烂变质，人食用后会导致中毒。

所以，为了延长食物的保存期，通常需要采取一些措施来抑制细菌的生长、繁殖或杀灭细菌。

加热　　　　　干燥　　　　　冷藏或冷冻　　　　巴氏消毒法

  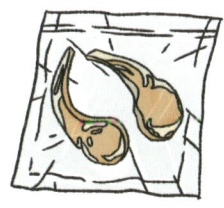

添加食品防腐剂　　　腌制　　　　　真空包装

真菌

在微生物世界里，真菌也是一个很庞大的家族，种类超过十万种，个体一般比细菌大得多，多数用肉眼看得见，且个体大小不一，生殖方式也不同。

酵母菌：单细胞真菌，呈卵形，在营养充足的条件下进行出芽生殖。

细胞壁
细胞核
细胞膜
细胞质
液泡
芽体

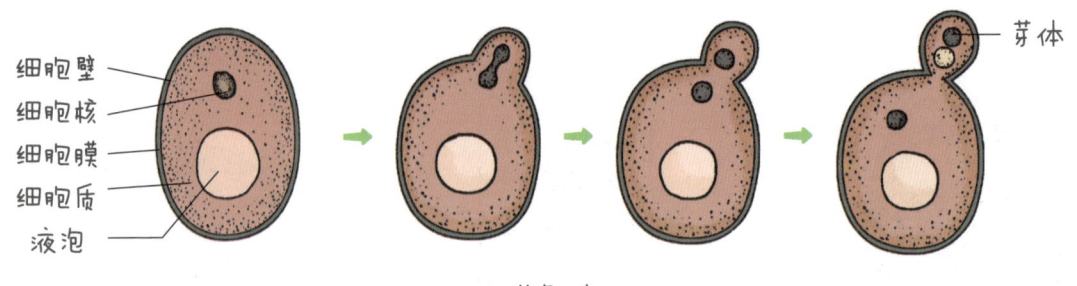

出芽繁殖

霉菌：多细胞真菌，细胞呈分叉的细丝状，称为菌丝，许多菌丝缠绕在一起组成了菌体，常见的有青霉、曲霉等。

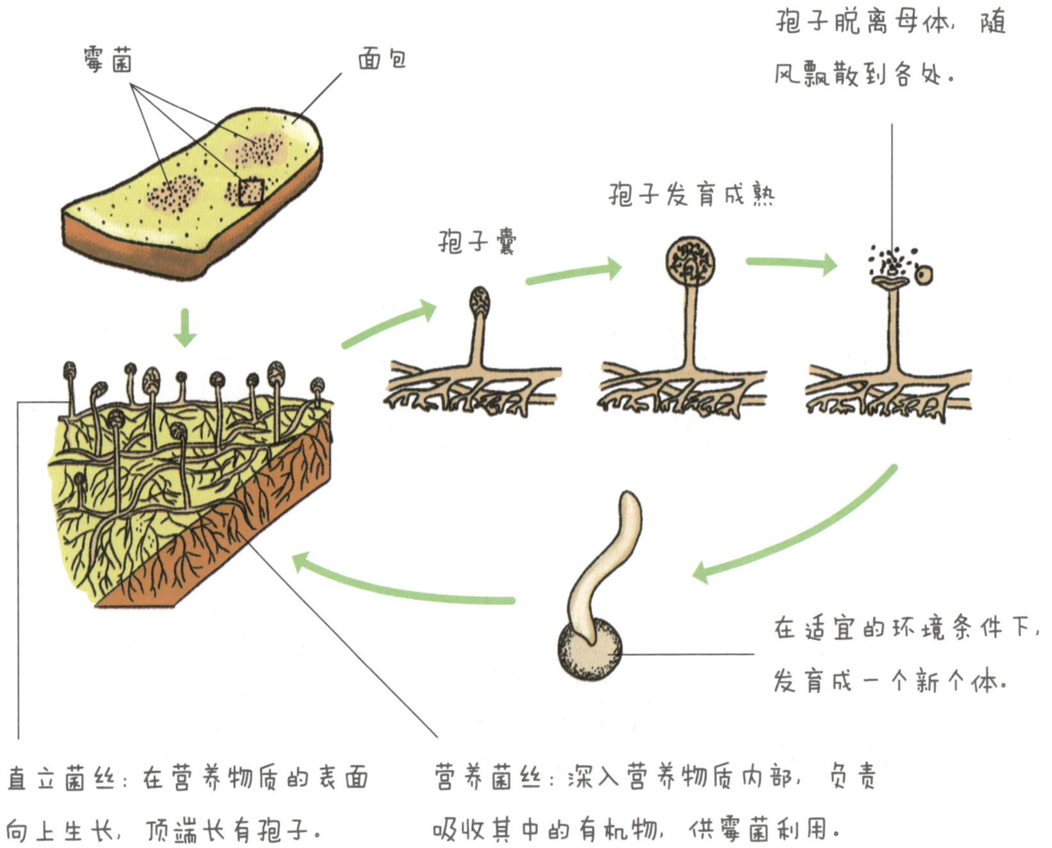

孢子脱离母体，随
风飘散到各处。
霉菌
面包
孢子发育成熟
孢子囊
在适宜的环境条件下，
发育成一个新个体。
直立菌丝：在营养物质的表面
向上生长，顶端长有孢子。
营养菌丝：深入营养物质内部，负责
吸收其中的有机物，供霉菌利用。

蘑菇：常见的大型真菌，也是由菌丝构成的，依靠孢子繁殖。

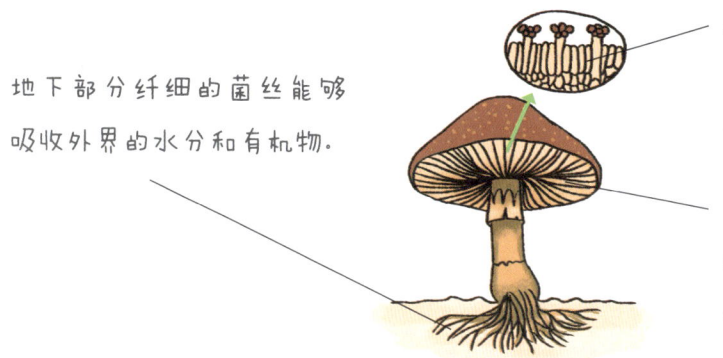

地下部分纤细的菌丝能够吸收外界的水分和有机物。

孢子成熟以后散落下来，条件适宜时就萌发出菌丝，长出子实体。

菌盖的下面生有许多放射状排列的薄片，表面生有许多褐色的孢子。

真菌在生物圈中的作用也是非常大的，有些还能被人类利用。

曲霉、毛霉、根霉、酵母菌等真菌，都可以用于酿造业，制造酒、酱油、腐乳等。

有些真菌可以产生杀死或抑制某些致病细菌的物质，称为抗生素，可以用来治疗相应的疾病。但抗生素不能滥用，否则容易使病菌产生耐药性，滋生超级细菌。

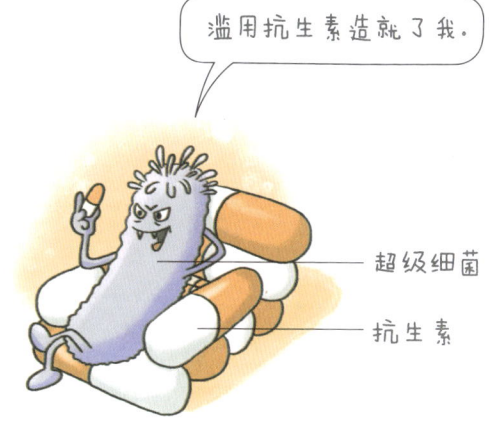

滥用抗生素造就了我。

超级细菌
抗生素

但是，也有些种类的真菌对人类是有害的。比如一些真菌寄生在人的体表或体内，使人患手癣、足癣等皮肤病；有些霉菌会引起粮食霉烂，误食会损害人体健康；有些蘑菇有毒，误食会导致中毒，甚至危及生命。

病毒

在微生物中,病毒比细菌小得多,只能用纳米来表示它们的大小。虽然病毒的形态多种多样,但结构只有两部分。

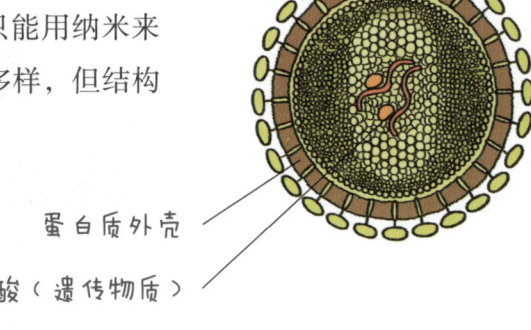

蛋白质外壳

核酸(遗传物质)

由于没有细胞结构,病毒必须寄生在其他细胞中才能生存。目前已经发现的病毒有 4 000 多种,根据它们寄生的细胞不同,可以将这些病毒分为三大类:

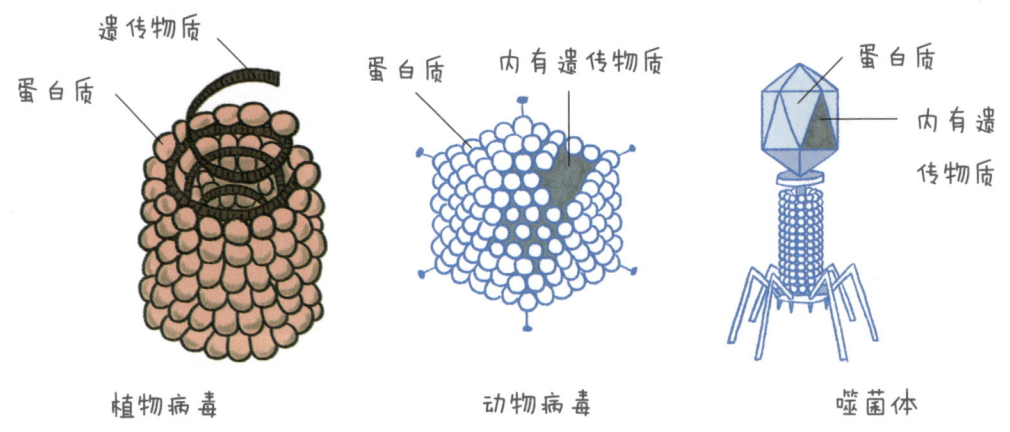

植物病毒　　　　动物病毒　　　　噬菌体

寄生在活细胞里的病毒,通过自我复制进行繁殖。以噬菌体为例,看看它是怎么侵染细菌并在细菌内繁殖的。

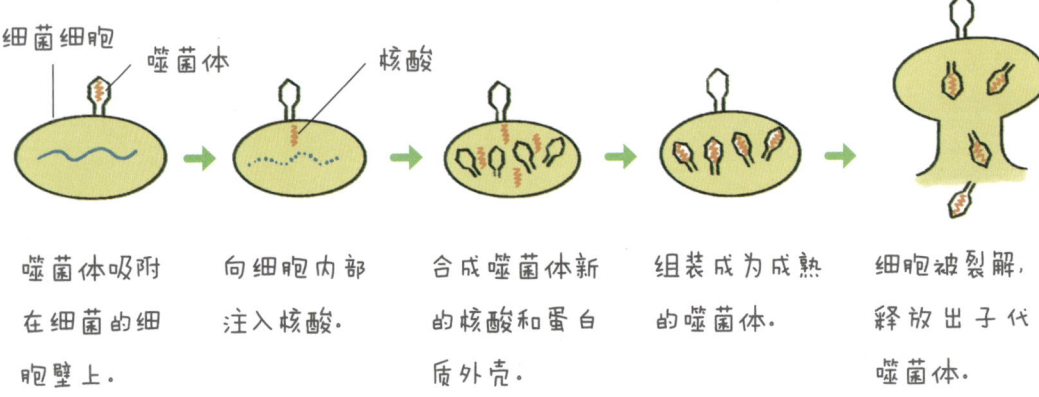

噬菌体吸附在细菌的细胞壁上。　→　向细胞内部注入核酸。　→　合成噬菌体新的核酸和蛋白质外壳。　→　组装成为成熟的噬菌体。　→　细胞被裂解,释放出子代噬菌体。

新生成的病毒在离开寄生细胞后，为了生存，通常处于休眠状态。但一旦有机会侵入活细胞，病毒的生命活动就又重新开始了。

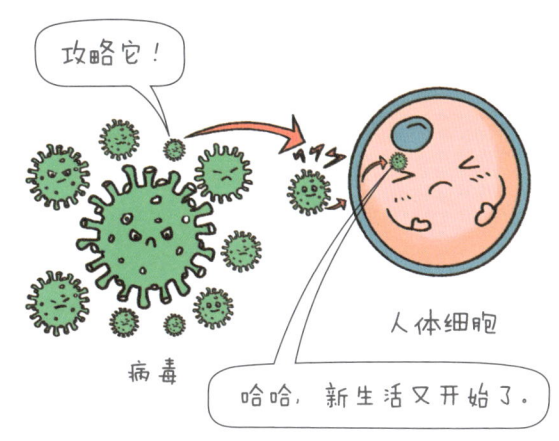

病毒的传染性强，在自然界中，几乎所有的生物都能被病毒感染。据统计，人类感染的传染病大约有 80% 是由病毒引起的。

由流感病毒引起的流行性感冒。

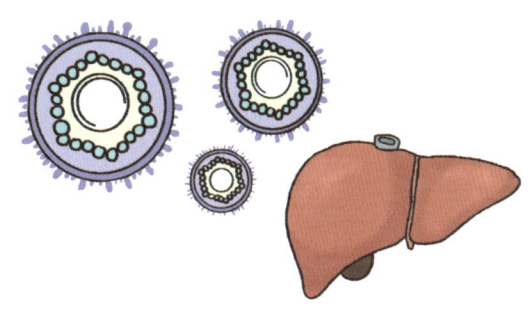

由多种肝炎病毒引起的病毒性肝炎。

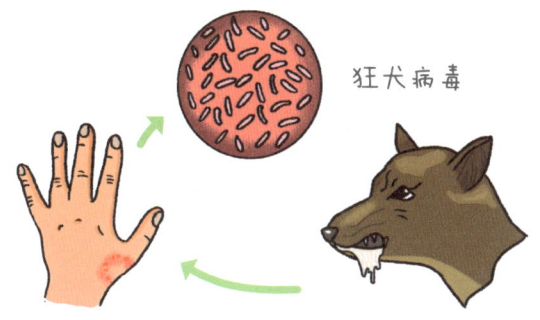

由狂犬病病毒导致的狂犬病。

由新型冠状病毒引起的新冠肺炎。

当然了，病毒也有可以被人类利用的一面。比如，利用病毒研制的疫苗，接种后可有效预防相应疾病；利用一些昆虫病毒杀灭农业害虫等。

14 免疫系统大作战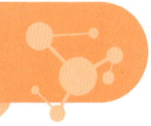

致病的细菌、病毒等微生物在我们周围的环境中无处不在，随时都能使人体生病。但事实上，大部分人都很少生病，这是为什么呢？原因就是我们有覆盖全身的防卫网络——免疫系统，它组成了保卫身体的三道防线。

第一道防线：皮肤和黏膜及其分泌物

完整的皮肤和黏膜可阻挡大部分病原体侵入体内，皮肤分泌物有杀菌作用，而呼吸道黏膜上的纤毛则可以清除异物。

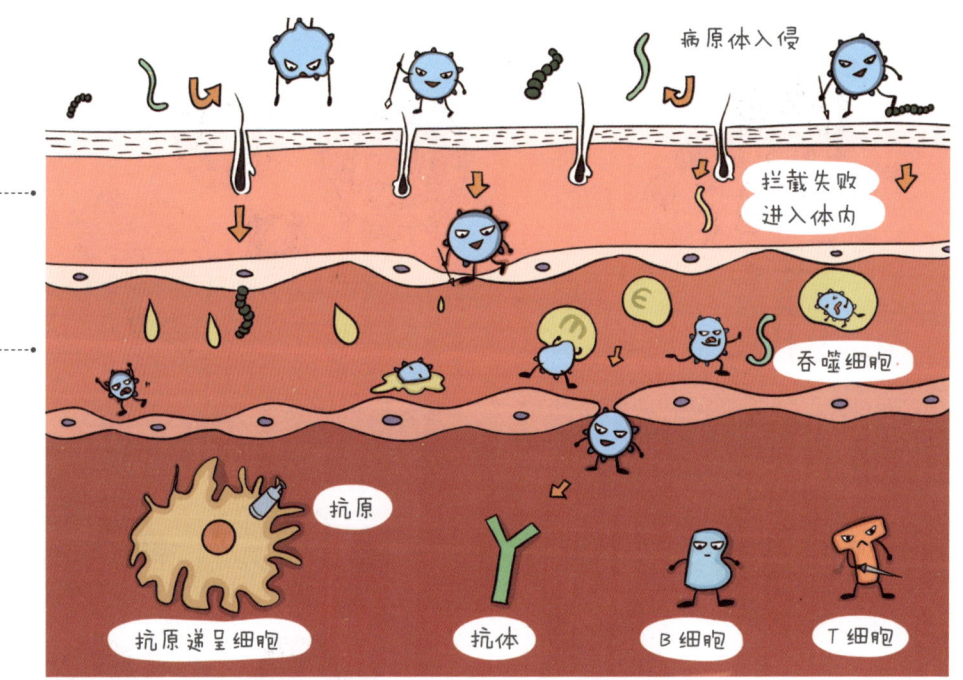

第二道防线：体液中的杀菌物质和吞噬细胞

体液中的溶菌酶能破坏多种病菌的细胞壁，杀灭病菌；分布在血液、组织和器官中的吞噬细胞可吞噬病原体。

第三道防线：免疫器官和免疫细胞

胸腺、淋巴结、脾等免疫器官产生的免疫细胞能识别抗原，产生相应的抗体，杀死病原体。

免疫系统由免疫器官、免疫细胞和免疫因子组成，它就像一个国家的军队一样，分工合作，组织严密，具有非常强大的力量。其中，免疫器官就是实现免疫功能的器官，负责制造、训练免疫细胞，指挥作战。

胸腺：T细胞分化成熟的场所；分泌胸腺激素，使机体保持细胞免疫功能。

淋巴结：T、B细胞定居处；与入侵的病原体在这里作战。

骨髓：负责制造各种血细胞和免疫细胞；B细胞和NK细胞分化成熟的场所。

盲肠：帮助B细胞成熟发展；生产抗体（IgA）；指挥白细胞到身体的各个部位去作战。

扁桃体：抵御经口鼻进入人体的病原体。

支气管相关淋巴组织：抵御吸入的病原体进入肺脏。

脾脏：血库，T、B细胞定居处；吞噬病毒、细菌，并合成抗体、干扰素等活性物质。

集合淋巴结：抵御入侵肠道的病原体。

肠系膜淋巴结：抵御入侵肠系膜的病原体。

泌尿生殖道淋巴组织：抵御入侵泌尿生殖道的病原体。

免疫细胞是参与免疫作用的细胞，是人体免疫系统的"主力军队"。它们有很多种类，就像军队里的不同兵种，还会根据战斗进程发生变化。先来认识一下它们。

树突细胞、巨噬细胞：吞噬并提呈抗原，帮助初始型T细胞识别病原体。

B细胞：可产生抗体，进行免疫反应。

记忆B细胞：保存抗原信息，当其再次入侵时迅速产生抗体。

浆细胞：又称效应B细胞，可合成和分泌抗体，并在血液中循环。

T细胞：可直接杀伤感染细胞。

辅助性T细胞：活化更多的T细胞加入战斗，并协助B细胞产生抗体。

记忆T细胞：保存抗原信息，当其再次入侵时可直接杀伤。

细胞毒性T细胞：攻击力强大，可直接杀伤被感染的细胞。

调节性T细胞：帮助终止免疫反应，避免免疫反应过度。

自然杀伤细胞：又称NK细胞，可识别被感染细胞和异常细胞，并进行无差别攻击。

抗体：由浆细胞分泌的免疫球蛋白，可识别并与特异性结合抗原，最终消灭它们。

当病原体入侵时，这些免疫细胞分工合作，各司其职，是对抗病原体的最有效武器。来看看它们是如何协同作战的吧！

①病原体入侵，被吞噬细胞吞噬。
②吞噬细胞将病原体杀死并分解。
③吞噬细胞将抗原信息传递给T细胞和B细胞。
④B细胞发现匹配自身受体的抗原。
⑤B细胞开始增殖分化。
⑥辅助性T细胞把抗原信息传递给初始T细胞，召集它们加入战斗。
⑦辅助性T细胞把抗原信息传递给自然杀伤细胞，召集它们加入战斗。
⑧接收到抗原信息的T细胞快速分裂、分化。
⑨活化B细胞，辅助B细胞产生抗体。

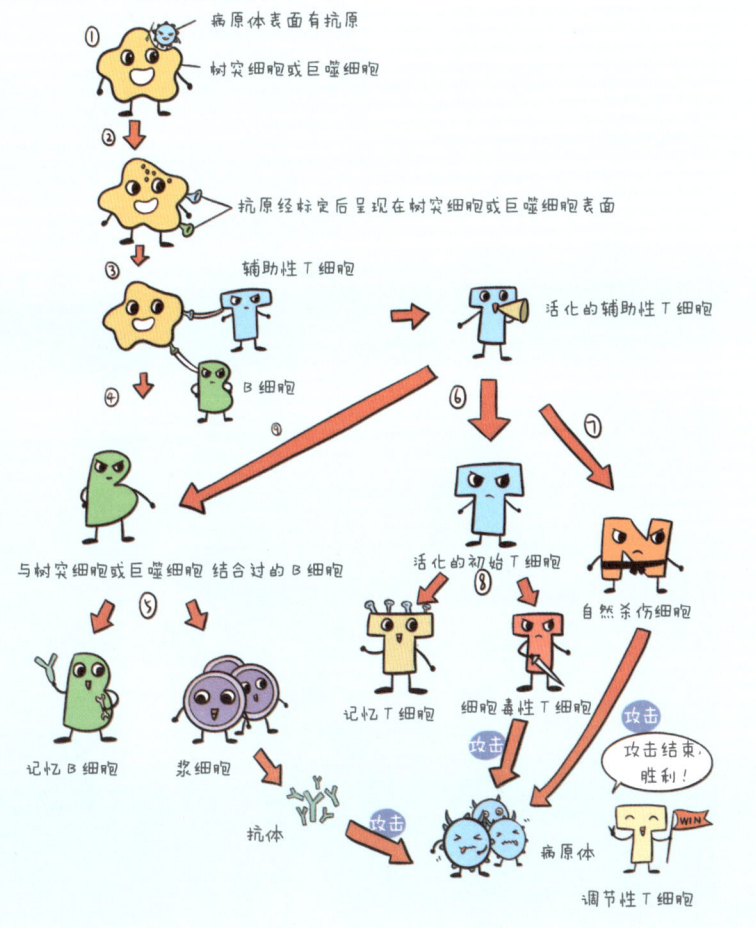

免疫细胞在病原体的刺激下,还会产生多种免疫因子,如抗体、补体、淋巴因子等,可以协助免疫细胞进行战斗,增强免疫细胞的作战能力。

这就是免疫的防御功能,正常情况下,可抵御入侵的各种病原体,如细菌、病毒等,防止疾病的产生。

免疫防御

除此之外,免疫还有两个重要功能。

自稳功能:正常情况下,可及时发现、清除体内损伤、衰老、变性的细胞,加速新陈代谢,使机体内环境保持相对稳定。不过,如果功能过强或过弱,就会发生生理功能紊乱,出现自身免疫性疾病,比如系统性红斑狼疮、类风湿性关节炎、恶性贫血等。

免疫自稳

监视功能:正常情况下,可及时识别、清除体内突变、畸变和被病毒干扰的细胞,保持机体健康。但如果功能过弱,可能导致肿瘤发生,或出现被病毒持续感染的现象。而如果功能过强,身体则会出现排斥反应,如器官移植后的排斥反应等。

免疫监视

【小知识】

引起过敏反应的物质,在医学上称为过敏原,当人体抵抗抗原侵入的功能过强时,在过敏原的刺激下,就会发生过敏反应。比如对花粉过敏的人会流鼻涕、打喷嚏、鼻眼痒、咳嗽等症状;对鱼虾过敏的人会发生腹痛、腹泻、呕吐等,严重的过敏反应,还可能导致休克或死亡。

总之,要想维持身体健康,就要提高免疫系统的能力,我们应该怎么做呢?

1. 饮食健康,营养均衡,适量多补充一些有助于提高免疫力的营养素,如蛋白质、维生素A、维生素C、维生素E、锌、铁、硒等。

2. 适当地运动,比如课余时间跑步、打球、跳绳、骑自行车等,都对提高免疫力有帮助。

3. 保证充足的睡眠,比如6~12岁的儿童每天需要睡够10小时。

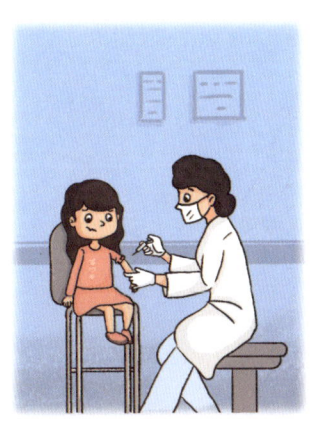

4. 有计划地接种疫苗,可以提高对特定传染病的抵抗力。

15 破解基因的密码

看这一家三口,孩子和爸爸都是双眼皮,妈妈是单眼皮;孩子没有耳垂,而爸爸妈妈却都有耳垂。那为什么孩子会与父母既像又不像呢?这就是生物的遗传和变异。亲子间的相似性就是遗传,差异就是变异。

为什么生物能把特征遗传给后代呢?因为在每一个生物体内,都藏着能够控制这些特征的遗传物质——基因。

染色体是由DNA和蛋白质组成的,是DNA的主要载体,在生物的体细胞中,染色体、DNA分子和基因都是成对存在的。

细胞核

细胞

基因是DNA上的一些片段,携带着遗传信息,一个DNA分子上有若干个基因。

DNA分子主要存在于细胞核中,是长长的链状结构,外形很像一个螺旋形的梯子,一般一条染色体上有一个DNA分子。

【小知识】

世界上除了同卵双胞胎，几乎不存在DNA完全相同的两个人，因此，DNA就成了一个人的"身份证"。目前，DNA已用于亲子鉴定、遗传病诊断、犯罪认定、血液配型等领域。

基因是通过生殖细胞传递的，人类的生殖细胞是精子和卵细胞，所以，父母的基因就是经精子或卵细胞传递给孩子的。每个正常人的体细胞中都有23对染色体，经过代代相传，数目也保持不变。

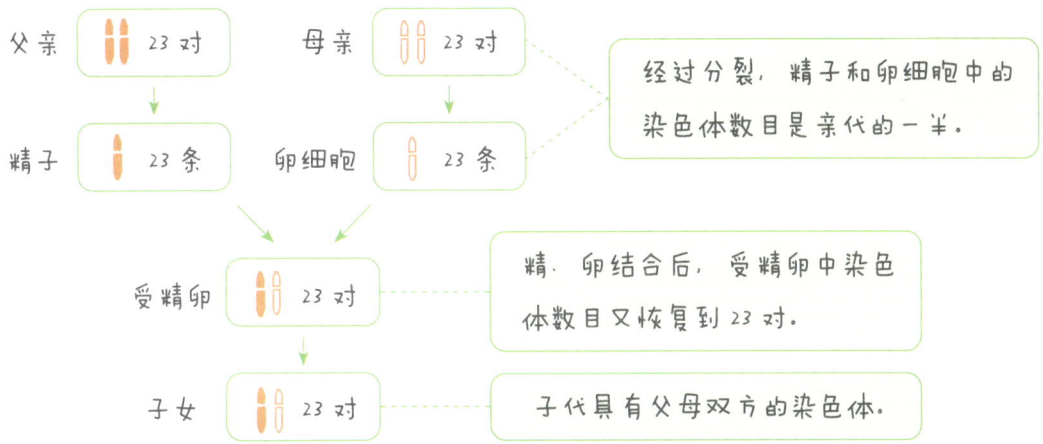

基因在染色体上，这样父母就把基因传递给了孩子，所以孩子才会在某些方面与父母相似。但为什么孩子遗传了爸爸的双眼皮，而没有遗传妈妈的单眼皮呢？这取决于他的基因组成。在成对基因中，两个不同的基因，称为等位基因，它又分为显性基因和隐性基因。

爸爸的双眼皮就是由显性基因控制的，用大写A表示。

妈妈的单眼皮就是由隐性基因控制的，用小写a表示。

当精子和卵细胞结合形成受精卵后,父母双方的显性基因或隐性基因会以不同的方式进行重组,因此会出现不同的情况。

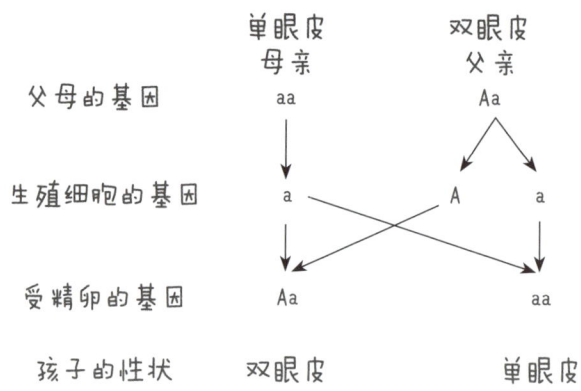

可见,孩子的基因组成(Aa)中一个是显性,一个是隐性,这种情况下,只有显性基因控制的特征才会表现出来,所以孩子遗传了爸爸的双眼皮。只有当孩子的成对基因都是隐性基因(aa)时,才会遗传妈妈的单眼皮。

【小知识】

我国婚姻法规定:直系血亲和三代以内的旁系血亲之间禁止结婚,如堂兄妹(或堂姐弟)、表兄妹(或表姐弟)等。这是因为血缘关系越近,从共同祖先那里获得相同致病基因的可能性越大。如果近亲婚配,夫妇双方可能将携带的相同隐性致病基因同时传递给子女,使其患隐性基因遗传病的概率大大增加。

白化病在自然人群中的发病率约为 1/10 000,若表兄妹结婚,则子女发病率约为 1/1 600。

那为什么孩子没有遗传父母的耳垂呢?这就是基因变异导致的差异。

 同一物种内不同个体之间性状的差异,叫作变异。

基因导致的变异可以遗传给后代,也就是说,这个孩子的后代可能还是没有耳垂的。人类就是利用这种遗传变异原理在农牧业生产上培育了很多优良品种。

人工培育的无籽西瓜

选择产奶量高的奶牛培育出高产奶牛

但如果变异是由于环境不同引起的,那这种变异后的特征不会遗传给后代。

长期从事户外工作的人皮肤较黑,但这一特征不会遗传给子女。

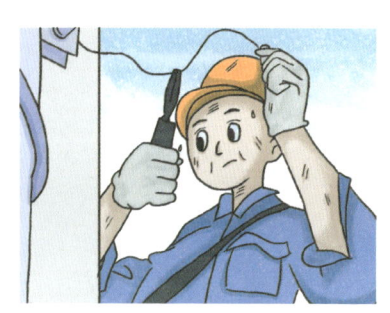

不过,如果是宇宙空间环境的改变,则会引发基因的突变,比如把植物种子带入太空,会直接受到来自宇宙空间的各种辐射,使它产生变异,返回地球后种植,就能从中选育出新品种。

太空南瓜

太空彩色辣椒

16 人类活动对生物圈的影响

生物圈是所有生物共同的家园，作为其中的一员，人类的生存与发展都离不开其他生物和周围环境，同时，人类活动也会对生态环境产生影响。

人类活动可以破坏环境。

乱砍滥伐，森林面积减少。

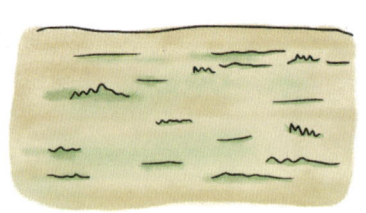

土地荒漠化。

河流污染，水质变差。

大气污染，可能会导致酸雨。

捕杀鸟类，鸟类少了，农作物害虫增加，产量减少。

围湖造田，破坏生态环境。

当然，人类活动也可以改善生态环境，比如植树造林可以净化空气、防风固沙、调节气候；保护野生鸟类，维持生物圈的平衡；建立自然保护区，保护生物的多样性。保护生物圈是全人类的责任，只有当人类与自然能够和谐相处的时候，才能更好地生存。

写给小学生的科学知识系列

生物这么奇妙
奋斗不懈的植物

姚 琨 ◎ 编著

吉林科学技术出版社

图书在版编目（CIP）数据

生物这么奇妙 / 姚琨编著 . -- 长春：吉林科学技术出版社, 2023.10（2024.7 重印）.
（写给小学生的科学知识系列 / 吴鹏主编）
ISBN 978-7-5578-9834-2

I. ①生… II. ①姚… III. ①生物学—少儿读物 IV. ① Q-49

中国版本图书馆 CIP 数据核字（2022）第 182084 号

写给小学生的科学知识系列

生物这么奇妙
SHENGWU ZHEME QIMIAO

编　　著	姚　琨
策 划 人	张晶昱
出 版 人	宛　霞
责任编辑	李万良
助理编辑	宿迪超　周　禹　郭劲松　徐海韬
封面设计	长春美印图文设计有限公司
美术设计	李　涛
制　　版	上品励合（北京）文化传播有限公司
幅面尺寸	170 mm×240 mm
开　　本	16
字　　数	150 千字
印　　张	12
页　　数	192
印　　数	9001-14000 册
版　　次	2023 年 10 月第 1 版
印　　次	2024 年 7 月第 3 次印刷
出　　版	吉林科学技术出版社
发　　行	吉林科学技术出版社
社　　址	长春市福祉大路 5788 号出版大厦 A 座
邮　　编	130118
发行部电话 / 传真	0431-81629529　81629530　81629531 　　　　　　　81629532　81629533　81629534
储运部电话	0431-86059116
编辑部电话	0431-81629378
印　　刷	长春百花彩印有限公司
书　　号	ISBN 978-7-5578-9834-2
定　　价	90.00 元

版权所有　翻印必究　举报电话：0431-81629378

目 录

思维导图——植物体的构成和种类 /4

思维导图——被子植物的一生 /5

01 植物细胞长什么样子 / 6

02 植物细胞是如何生活的 / 8

03 植物细胞的生长和分裂 / 10

04 功能强大的五大植物组织 / 12

05 植物体的六大器官 / 14

06 有亲缘关系的四大类植物 / 15

07 神奇的藻类植物 / 16

08 滑溜溜的苔藓植物 / 18

09 长相奇特的蕨类植物 / 20

10 能结种子的植物 / 24

11 种子发芽了 / 30

12 植物在不断长高 / 36

13 啊！开花了 / 56

14 结出了果实和种子 / 60

15 绿色植物在生物圈中的作用 / 64

思维导图：植物体的构成和种类

植物体的构成

- **植物细胞**：由细胞壁、细胞膜、细胞核、细胞质、液泡、叶绿体、线粒体构成
- **细胞的生长和分裂**：体积由小变大，一分为二
- **细胞生活需要的物质**
  - 无机物：水、无机盐、氧气、二氧化碳
  - 有机物：碳水化合物、脂质、蛋白质、核酸
- **五大组织**：分生组织、保护组织、输导组织、营养组织、机械组织
- **六大器官**：根、茎、叶、花、果实、种子
- **能量转换器**：叶绿体、线粒体
- **结构层次**：细胞→组织→器官→植物体

植物的种类

- **藻类植物**
  - 生活在淡水、海水或陆地潮湿的地方
  - 没有根、茎、叶的分化
  - 靠孢子繁殖后代
- **种子植物**
  - 裸子植物
    - 种子裸露
    - 有根、茎、叶、种子的分化
    - 依靠种子繁殖后代
  - 被子植物
    - 种子外面有果皮
    - 有根、茎、叶、花、果实、种子的分化
    - 依靠种子繁殖后代
- **苔藓植物**
  - 生活在潮湿环境中
  - 具有类似茎和叶的分化，有假根
  - 没有导管、叶脉、输导组织
  - 靠孢子繁殖后代
- **蕨类植物**
  - 生活在森林和山野的阴湿环境中
  - 有根、茎、叶的分化
  - 靠孢子繁殖后代

思维导图：被子植物的一生

被子植物的一生

- **种子的萌发**
  - 环境条件
    - 适宜的温度
    - 一定的水分
    - 充足的空气
  - 自身条件
    - 有完整的、有生命活力的胚
    - 供胚发育的营养物质
    - 种子成熟且不处于休眠期
  - 萌发过程：种子吸水→供养→胚根发育→胚轴发育→胚芽发育→茎和叶

- **植株的生长**
  - 叶的结构：表皮、叶肉、叶脉
  - 光合作用：制造有机物和氧气
  - 营养物质
    - 水、无机盐
    - 合理施肥
    - 无土栽培
  - 呼吸作用：分解有机物，释放能量
  - 蒸腾作用：促进水、无机盐的吸收和运输
  - 幼根的生长
    - 负责吸收水和无机盐
    - 类型：主根、侧根、不定根
    - 特性：向地生长、向肥生长、向水生长
    - 根尖结构：根冠、分生区、伸长区、成熟区
    - 生长：分生区细胞的分裂和伸长区细胞的体积增大
  - 枝条的发育
    - 芽的类型：顶芽、侧芽
    - 芽的结构：生长点、幼叶、叶原基、芽轴、芽原基
    - 顶端优势的应用
    - 枝条的构成：幼嫩的茎、叶和芽

- **开花**
  - 花的结构：花柄、花托、花被、花蕊
  - 传粉方式
    - 自花传粉
    - 异花传粉：风媒花、虫媒花
    - 人工辅助授粉
  - 受精过程：花粉落到雌蕊柱头上→进入胚珠→释放精子→形成受精卵

- **结出果实和种子**
  - 形成
    - 子房壁发育成果皮
    - 胚珠发育成种子
    - 受精卵发育成胚
  - 种子的传播
    - 风力传播
    - 弹力传播
    - 黏附传播
    - 动物传播
    - 水力传播
  - 无性繁殖：扦插、嫁接、芽接、压条

01 植物细胞长什么样子

在我们的身边生长着各种各样的植物,高大的树木、绿油油的小草、五颜六色的鲜花……无不让人感受到植物世界的生机。

那你知道这些植物是由什么构成的吗?其实,同人类一样,植物也是由很多细胞构成的,并且,同人类细胞相比,植物细胞的形状更加多种多样。

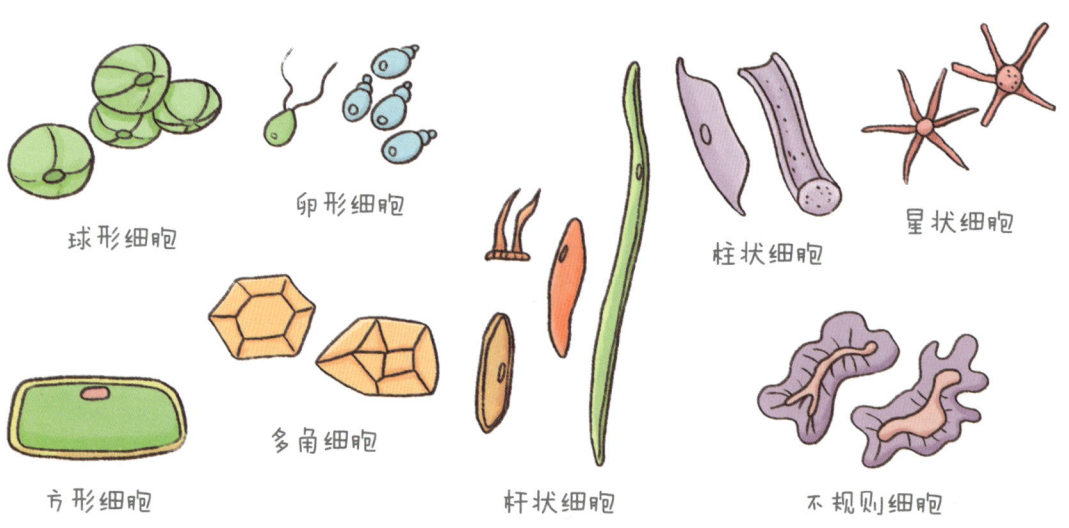

球形细胞　卵形细胞　柱状细胞　星状细胞
方形细胞　多角细胞　杆状细胞　不规则细胞

【小知识】

植物细胞的液泡中还含有多种色素，与花朵、果实等的颜色有关，比如花青素，它像"变色龙"一样，能随着细胞液酸碱度的变化而改变颜色。细胞液是酸性时，花青素呈红色，细胞液是中性时，花青素呈紫色，细胞液是碱性时，花青素则呈蓝色。

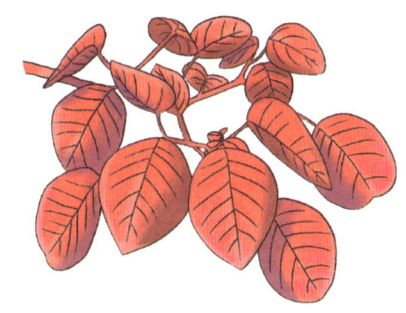

香山红叶

虽然植物细胞的形状不一，但大多数植物细胞的基本结构都是相同的，而且各种结构都具有各自不同的功能，它们协调配合，共同完成细胞的生命活动。

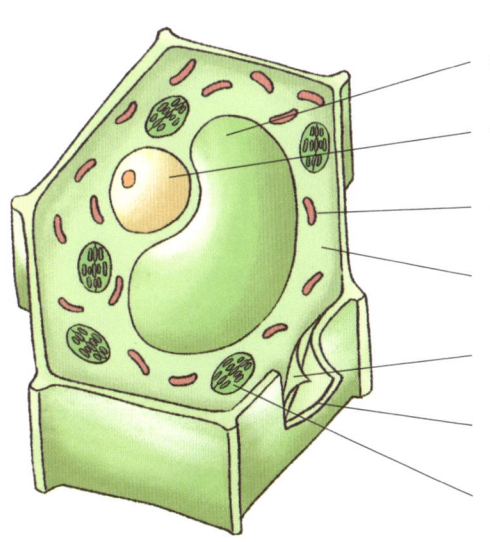

液泡：充满了细胞液，保持植物体挺立状态。

细胞核：细胞的控制中心。

线粒体：为细胞的生命活动提供能量。

细胞质：缓慢流动加速细胞内外物质的交换。

细胞膜：控制物质进出细胞。

细胞壁：保护细胞的内部。

叶绿体：进行光合作用的场所。

02 植物细胞是如何生活的

植物体内每时每刻都在进行着各种各样的生命活动,那是什么在维持着植物细胞的各种生命活动呢?是物质和能量。

物质都是由分子组成的。分子比较小、结构简单的物质,如水、氧气、二氧化碳、无机盐等,通常不含碳且不能燃烧,称为无机物(一些简单的含碳化合物包括在内);而那些分子较大、结构复杂的物质,如碳水化合物、脂肪、蛋白质、核酸等,含有碳,能够燃烧,称为有机物。

植物细胞需要的营养物质进入细胞后,首先要经过细胞膜。细胞膜上有一种特殊的结构,可以对物质进行选择。

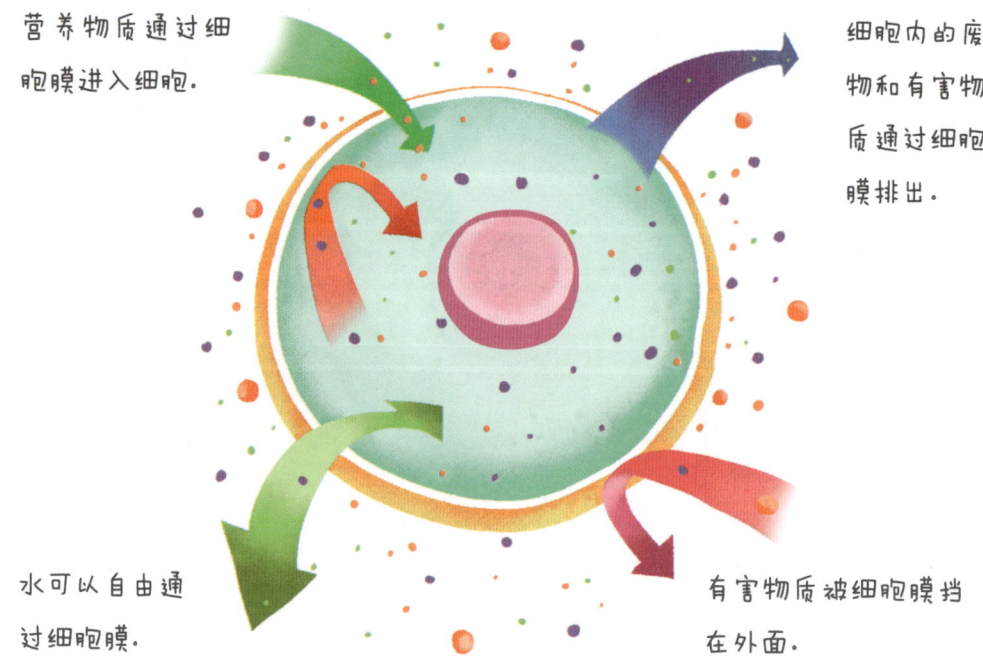

营养物质通过细胞膜进入细胞。

细胞内的废物和有害物质通过细胞膜排出。

水可以自由通过细胞膜。

有害物质被细胞膜挡在外面。

细胞的生活不仅需要营养物质,还需要能量。能量有许多不同的形式,比如,光能、热能、化学能等。能量可以储存,可以由一种形式转化成另一种形式,或者从一个物体转移到另一个物体。

木材中含有有机物，属于化学能。

当木材被点燃后，木材中的化学能就转化成光能和热能。

植物细胞也能进行能量的转换，叶绿体和线粒体都是细胞中的能量转换器。其中，叶绿体中的色素能吸收光能，再通过光合作用将光能转变成化学能；线粒体可使细胞中的一些有机物氧化分解，释放出其中储存的化学能。

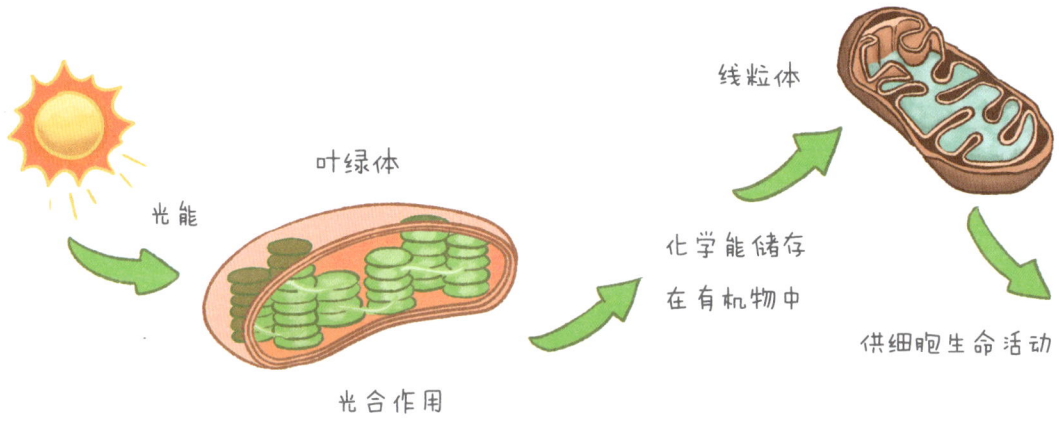

植物细胞中物质和能量的变化都非常复杂，但仍然能有条不紊地进行，这是因为有细胞核的统一指挥。细胞中的物质和能量会按照细胞核上遗传信息的指令去变化，从而为细胞的生长、分裂等生命活动提供营养。

【小知识】

人工膜就是人们根据细胞膜的功能研发的，可以应用到很多领域，比如，利用人工膜提炼海水，进行海水淡化、污水处理，还可以用来浓缩果汁、纯化果汁，甚至用人工膜代替人体的病变器官，如人工肾等。

03 植物细胞的生长和分裂

玉米种子被种下后，顺利地发芽、长大、拔节、抽出花丝，最后长出了饱满的玉米。这一系列的生长过程都与玉米中细胞的生长、分裂和分化分不开。

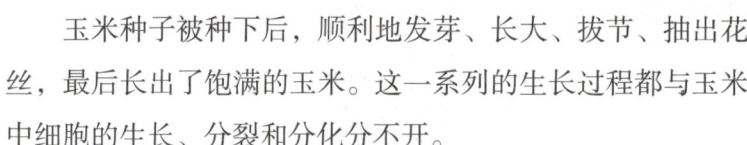

其中，细胞的生长是指植物细胞在吸收了足够的营养物质和能量后，体积由小变大的现象。

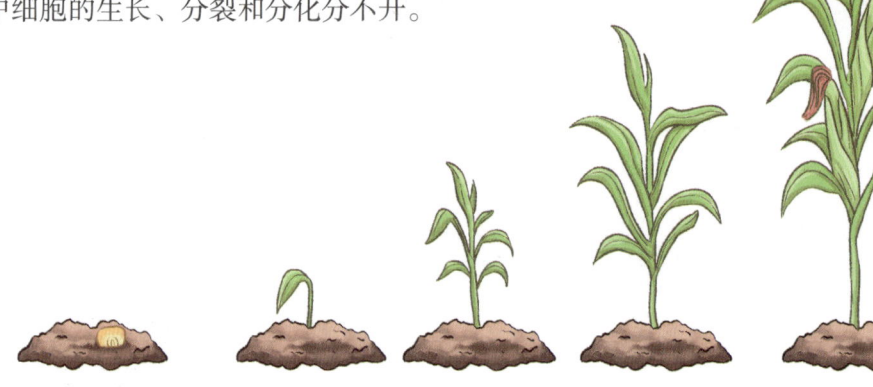

新生植物细胞的体积一般很小。

液泡内的细胞液不断增多，体积不断增大。

液泡把细胞质挤成一层，细胞核也被挤向一侧，同时细胞体积也增大了。

但是，细胞不会无限制地一直增大，当生长到一定大小时就会停止生长，部分细胞可以一分为二，成为两个相似的新细胞，这就是细胞分裂。

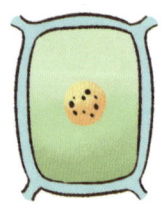

分裂前，细胞中的染色体开始进行自我复制，数目加倍。

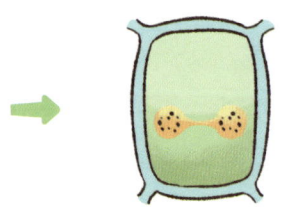

细胞核和染色体都一分为二。

新细胞继续从周围环境中吸收营养物质,继续进行生长、分裂……就这样,细胞的数目越来越多,体积不断增大,玉米植株也就由小变大了。并且,在细胞分裂过程中,新细胞的染色体形态和数目与原细胞都是相同的。

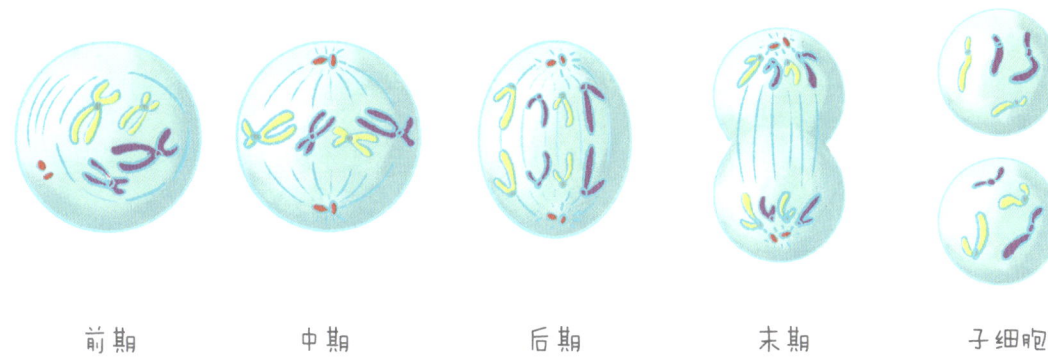

前期　　　　中期　　　　后期　　　　末期　　　　子细胞

染色体内含有遗传物质DNA(脱氧核糖核酸),因此,新细胞与原细胞含有相同的遗传物质,这样就保证了生物遗传的稳定性。

正因为细胞分裂过程中染色体的规律变化,同一批玉米种子在相同条件下长出来的植株和收获的玉米才大致一样。

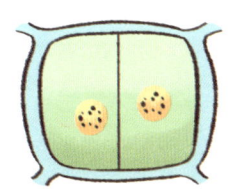

细胞质一分为二,各含有一个细胞核,且其中的遗传物质不变。

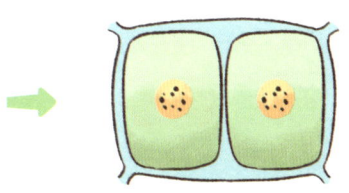

新的细胞膜和细胞壁形成,一个细胞就分成了两个新细胞。

04 功能强大的五大植物组织

在植物体中，总有这样一群细胞，它们终生具有分裂能力，能不断地分裂产生新细胞，由这样的细胞群构成的组织，叫作分生组织。分生组织是产生和分化其他各种组织的基础，并与保护组织、营养组织、输导组织和机械组织共同组成植物体的五大组织。

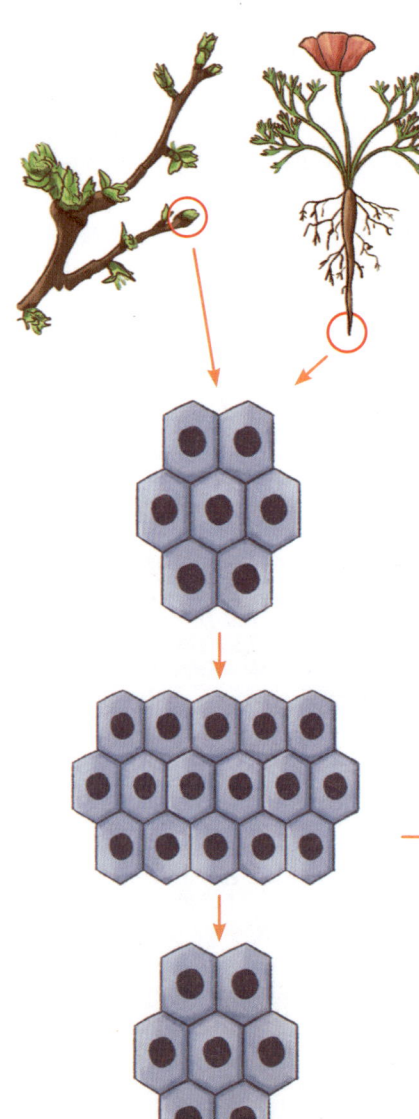

分生组织主要存在于植物嫩芽的顶端和根尖中。

分生组织的细胞小，细胞壁薄，细胞核大，细胞质浓，具有很强的分裂能力，能够不断分裂产生新细胞。

在生长发育过程中，大部分新细胞失去了分裂能力，并通过细胞分化，形成了形态相似，结构、功能相同的各种细胞群，也就是组织。

一小部分细胞继续保持分裂能力。

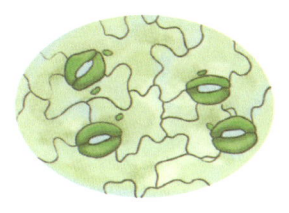 

比如，叶片表皮细胞与外界接触的部分有一层特殊的角质膜，可以阻挡细菌、病毒的入侵。

保护组织：细胞排列紧密，可保护植物体内部的柔嫩部分，锁住水分。

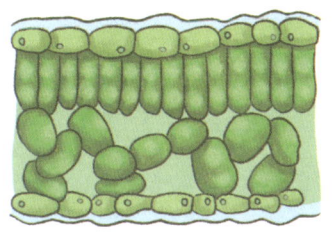 

营养组织：细胞壁薄，液泡较大，能够像仓库一样储存营养物质，主要分布在植物体的根、茎、叶、花、果实、种子中。

比如，葵花子的营养组织中含有大量脂肪，可榨成油，供人们食用。

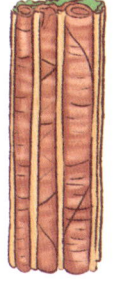  

输导组织：导管细胞呈管状，导管负责运输水和无机盐，筛管负责运输有机物。分布在植物体的根、茎、叶等处。

比如，莲藕切断后的拉丝就是它的输导组织。

导管　筛管

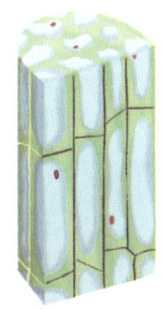 

机械组织：细胞壁增厚，是植物的"骨骼"，起支撑和保护作用，分布在茎、叶、果皮、种皮等处。

比如，树干的树芯就是机械组织，质地坚硬，可用来制作家具。

05 植物体的六大器官

植物的五大组织又进一步构成了植物体的器官。绿色开花植物通常由根、茎、叶、花、果实和种子六种器官构成，其中，根、茎、叶是植物的营养器官，负责给植物体提供营养；花、果实、种子是植物的繁殖器官，负责繁殖下一代。

茎：植物体的中轴部分，有节和分支，负责支撑植物体，连接根和叶，同时运输水、无机盐和养分。

叶：植物进行光合作用的主要场所，通常叶片扁平，这样可以接触更多的阳光。

花：开花植物生长到一定阶段就会开花，花与植物的繁殖有关，花朵凋谢后会结出果实。

果实：由子房发育而成，包括果皮和种子两部分。

种子：植物的小宝宝，负责传播与繁殖。

根：通常分为直根系和须根系两类，一般位于地表下面，负责吸收土壤中的水和无机盐，同时固定植物。

06 有亲缘关系的四大类植物

目前，生物圈中已知的绿色植物有 50 余万种，虽然它们形态、结构各异，生活环境也有差别，但全都来自于藻类植物、苔藓植物、蕨类植物和种子植物（包括裸子植物和被子植物）这四个"家族"。而且，它们之间还是"亲戚"。

裸子植物

被子植物

苔藓植物

蕨类植物

藻类植物

由于营养方式的不同，地球上的原始生命一部分进化成没有叶绿素的原始单细胞动物，一部分进化成有叶绿素的原始藻类。

→ 生活在海洋中的原始藻类植物经过长期进化，成为能在陆地潮湿环境中生活的苔藓植物和蕨类植物。

→ 后来，一部分蕨类植物进化为种子植物，它们更加适应陆地生活，并逐渐发展成为陆地上最占优势的植物物种。

07 神奇的藻类植物

春天来了,清澈的湖水慢慢地变绿了,这是为什么呢?这是春天气温升高,阳光明媚,水中的藻类植物大量繁殖所致。

藻类植物

藻类是地球上最早出现的绿色植物,形态多种多样,有单细胞的,也有多细胞的;有的是绿色的,也有的是褐色或紫红色的;有的只有几微米,有的却能长到几十米。"藻"是水生的意思,所以,大部分藻类植物都生活在水中。生活在淡水中的常见藻类有:

呈绿色丝状的水绵

单细胞的衣藻

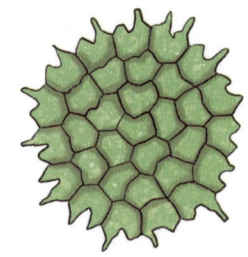

像花冠一样的盘星藻

藻类植物的主要特征是:植物体结构简单;没有根、茎、叶的分化;多数生活在水中。

这些是生活在海洋中的常见藻类：

此外，也有少数藻类生活在潮湿的土壤或岩石表面。虽然生长环境不同，但藻类细胞里都含有叶绿素和类胡萝卜素，能够进行光合作用，使地球上出现了氧气，为其他生物的生存创造了条件。因此，藻类植物在生物圈中具有不可替代的作用，与人类的生活也有密切的关系。

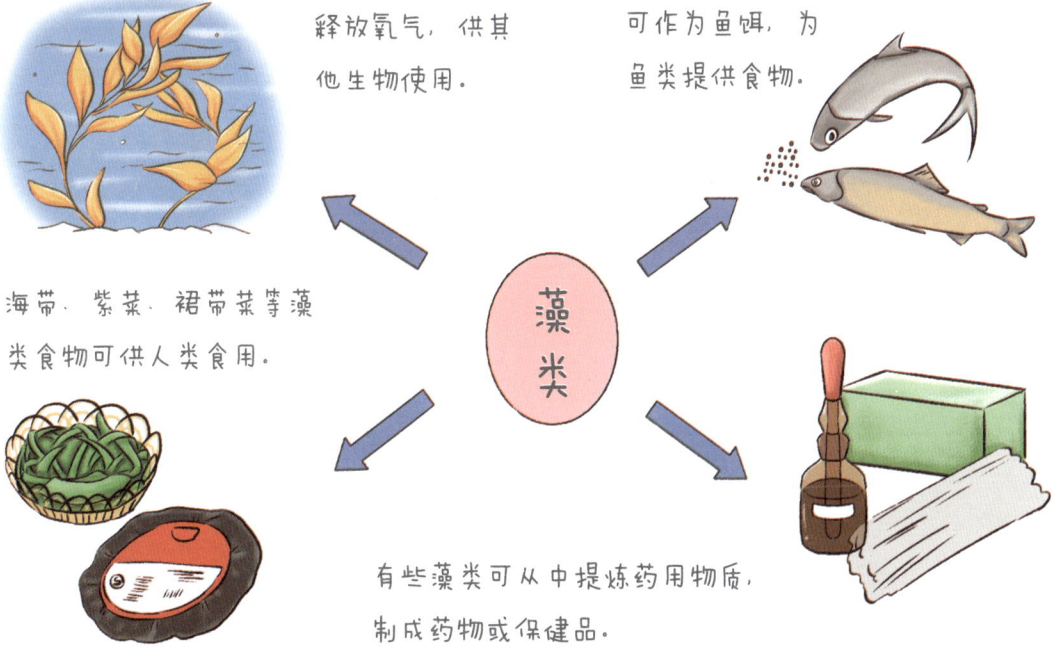

08 滑溜溜的苔藓植物

在阴湿的墙角或台阶上，常常生长着一层绿茸茸的矮小植物，摸着滑溜溜的，脚踩上去又软软的，就像踩在地毯上一样，它们就是苔藓植物。

"苔痕上阶绿，草色入帘青"，这句诗描述的就是苔藓植物大量繁殖形成的自然景观。

苔藓植物是由藻类植物进化而来的，大多生活在陆地上的阴湿环境中，生命力顽强，遍布除海洋和温泉外，地球上的每个角落。苔藓植物族群庞大，目前有2万多种，但植株一般都很矮小，葫芦藓就是其中的一种。

葫芦藓的葫芦状的孢蒴里面充满孢子，用孢子繁殖后代。

葫芦藓没有真正的根，只在基部生有假根，起固定植物体的作用。

葫芦藓的茎非常细小，直立生长，有分枝，结构简单，没有输导组织。

葫芦藓的叶片为绿色，小而薄，没有叶脉，既能进行光合作用，又能吸收水分和无机盐。

葫芦藓：高约1厘米，一般茂密丛生，呈草绿色。

苔藓植物的基本特征：多细胞的绿色植物，多数有茎、叶的分化，叶大多由一层细胞构成，茎和叶中无输导组织；有假根，吸水、保水能力很弱，所以，大多生活在阴湿的环境里。

苔藓植物虽然很矮小，不开花、不结果，看起来很不起眼，但在生物圈中的作用却不容小觑。

苔藓植物密集成片生长，覆盖地表，能防止水土流失。

苔藓植物对有毒气体敏感，是最佳的"环境听诊器"。

大叶藓对治疗心血管病有较好的疗效。

在烧毁的林地上，苔藓植物会最先生长出来改善环境。

苔藓植物可为驯鹿等北极动物提供食物。

沼泽地带生长的苔藓植物会形成泥炭，成为燃料资源。

09 长相奇特的蕨类植物

你见过下面这些植物吗？它们喜欢森林、溪沟和田野的阴湿环境，茎大多生长在地下，叶常呈羽状，背面会长出许多褐色的斑块隆起。这些植物都属于蕨类植物。

铁线蕨　　　　卷柏　　　　肾蕨

问荆　　　　凤尾蕨　　　　贯众

与苔藓植物相比，蕨类植物高大得多，结构也复杂得多，有根、茎、叶的分化。我们以肾蕨为例来了解一下蕨类植物的结构。

- 叶面有角质层和气孔
- 茎在地下或地面匍匐生长
- 有真正的根

蕨类植物

根、茎、叶中有机械组织，增强了对植物体的支撑能力，所以生长得比苔藓要高大得多；还有输导组织，可以有效地运输水和营养物质，适合陆地生活。

叶片背面那些褐色的隆起是孢子囊群，里面有很多孢子。

孢子是一种生殖细胞，成熟后会从孢子囊中释放出来，如果落在温暖湿润的地方，就会萌发和生长。蕨类植物就是通过孢子来进行繁殖的。

叶背上的孢子囊群

孢子囊

孢子

原叶体

幼蕨

蕨

与藻类植物、苔藓植物一样，蕨类植物也是靠孢子繁殖后代的，因此，这三类植物统称为孢子植物。

蕨类植物是最古老的陆生植物,在距今 3.5 亿年到 2.7 亿年前,蕨类最为繁盛,是当时地球上的主要植物类群,构成了大片的森林。

远古时期的蕨类植物不像现在这样低矮,许多都高达几十米。

在距今 2.5 亿多年前的二叠纪末期,这些高大的蕨类植物开始大量死亡,其遗体层层堆积,埋藏在地下,就逐渐变成了今天我们使用的煤。

远古时期的蕨类植物。

蕨类植物大量枯萎、死亡。

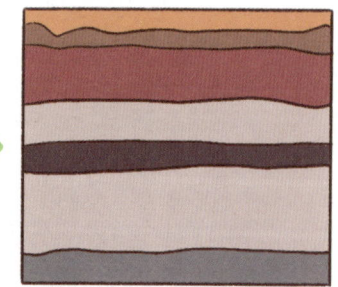
埋藏在地下,经过漫长复杂的变化,形成煤层。

【小知识】恐龙的食物——桫椤(suō luó)

桫椤,又称树蕨,是 2 亿多年前恐龙的主要食物。目前发现的桫椤是唯一的木本蕨类植物,极其珍贵,有"活化石"之称,对研究恐龙兴衰、地质变迁等具有重要的参考价值。并且,桫椤树形态优美,树冠浓密,是很好的观赏树种。

后来，随着气候变化，这些高大的蕨类植物基本上都灭绝了。现存的蕨类植物有12000多种，它们虽失去了地球上的主宰地位，但与人类的关系却很密切。

1. 有些蕨类植物未展开的幼嫩茎叶可以食用，如蕨菜、紫萁的嫩芽等。

2. 有些蕨类植物可入药，如乌蕨、贯众、卷柏等。

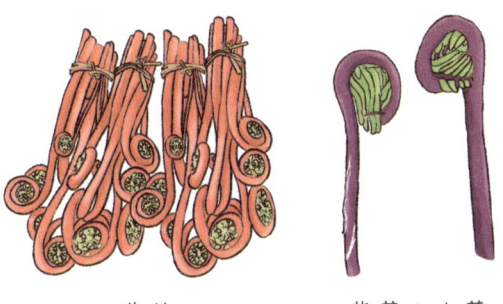
蕨菜　　　　　紫萁的嫩芽

乌蕨

3. 有些蕨类植物既是优良的绿肥，又是高蛋白饲料，如满江红、槐叶萍等。

4. 许多蕨类植物在工业上有重要的用途，如石松的孢子、木贼的茎等。

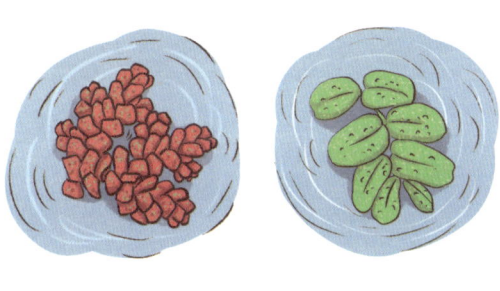
满江红　　　　　槐叶萍

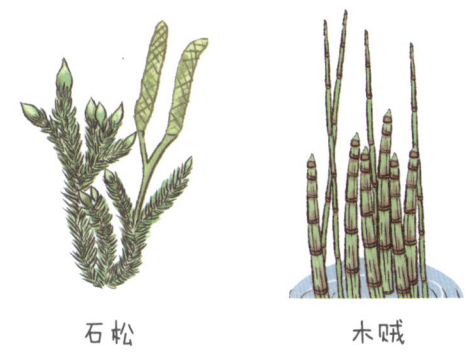
石松　　　　　木贼

5. 有些蕨类植物可作为空气、土壤污染程度的指示植物，如芒萁、狗脊蕨、肾蕨、铁线蕨等。

6. 有很多蕨类植物具有观赏价值，可用于美化环境，如鸟巢蕨、杉椤等。

芒萁　　　　　狗脊蕨

鸟巢蕨

10 能结种子的植物

种子植物，就是指那些根、茎、叶发达，能产生种子并用种子繁殖的植物，是目前植物界最高等的类群，已分化出20多万种，是现今地球表面绿色的主要类群。根据种子是否有果皮包被，种子植物可分为裸子植物和被子植物两大类。

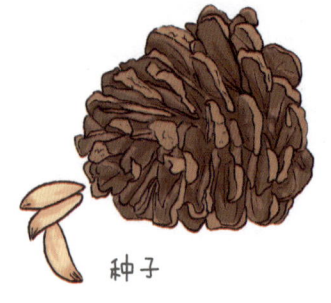
种子

松类的球果上长有很多鳞片，成熟后开裂，种子就裸露在鳞片之间的缝隙中，没有果皮包被，像这样的植物就是裸子植物。

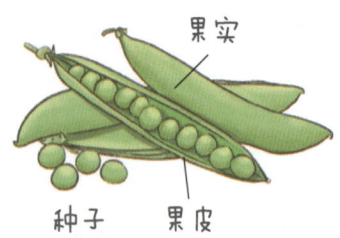
果实 种子 果皮

豌豆的果实成熟后，必须剥开果皮才能看到里面的种子，像这样有果皮包被的植物就是被子植物。

现在我们就先来认识一下裸子植物。裸子植物多为比较高大的乔木，根、茎、叶都很发达，里面都有输导组织，能在干旱和土壤贫瘠的地方生长。人们常以叶的形状及数目作为鉴别裸子植物种类的一个重要依据。

叶为针状的是松树。

叶为鳞片状的多是柏树。

叶为条状的多是杉树。

全世界的裸子植物有800多种，我国有250多种，其中银杏、红豆杉、水杉、苏铁等都是世界上的珍稀树种，因此被誉为"裸子植物的故乡"。

银杏已有2亿多年的历史,被称为"活化石"。它的种皮最外层为白色,俗称"白果"。

红豆杉的种子像红豆一样红艳,是我国一级保护植物,被誉为植物中的"大熊猫"。

水杉远在中生代白垩纪时期就已经出现了,有"活化石"之称。

苏铁的树干非常坚硬,俗称铁树,因生长非常缓慢,所以其开花就被称为"铁树开花"。

裸子植物有许多重要的用途,与人类有着非常密切的关系。

有些裸子植物的种子可以食用,如松子、白果、香榧等。

重要的工业和医药原料,如松香、松节油等。

保持水土,防风固沙,如樟子松、马尾松等。

可作为观赏植物,如雪松、白皮松、侧柏等。

主要的木材资源,如云杉、冷杉等。

被子植物又叫绿色开花植物，是植物界中等级最高、种类最多、分布最广、与人类关系最密切的一大类植物，约有25万种。它又可分为双子叶植物和单子叶植物。

什么是双子叶植物呢？我们就以菜豆的种子为例来看一看。

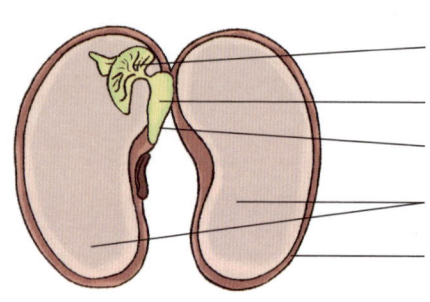

胚芽：将来发育成茎、叶。⎫
胚轴：将来发育成连接根和茎的部分。⎬ 胚
胚根：将来发育成根。⎭
子叶（2片）：贮藏营养物质。
种皮：保护种子内部结构，减少水分散失。

 在被子植物中，像菜豆种子这样具有两片子叶的植物，就称为双子叶植物。

此外，双子叶植物还有其他一些特征。

叶脉为网状脉　　　根系为直根系　　　花瓣数量为4、5或4、5的倍数

在全球25万种被子植物中，双子叶植物就有近20万种，与我们的日常生活息息相关，最常见的有以下几类：

大多数水果，如桃、梨、梅、枇杷、荔枝、柑橘、西瓜、哈密瓜等。

桃　　　　　　　梨

各种豆类植物，如大豆、豇豆、蚕豆、绿豆等。

各种蔬菜，如油菜、白菜、萝卜、黄瓜、番茄、马铃薯等。

大豆　　　豇豆

油菜　　　白菜

特产经济作物，如板栗、棉花、茶、花生、桑、油桐、麻、香樟等。

大多数花卉，如月季、菊花、梅花、荷花等。

板栗　　　棉花

月季　　　菊花

常见的绿化树木，如柳树、槐树、榆树等。

很多中草药，如当归、三七、人参、大黄、羌活、川芎、丹参、杜仲、枸杞子等。

柳树　　　槐树

当归　　　三七

认识了双子叶植物,那单子叶植物又是什么样的呢?我们就以玉米籽粒为例来了解一下。

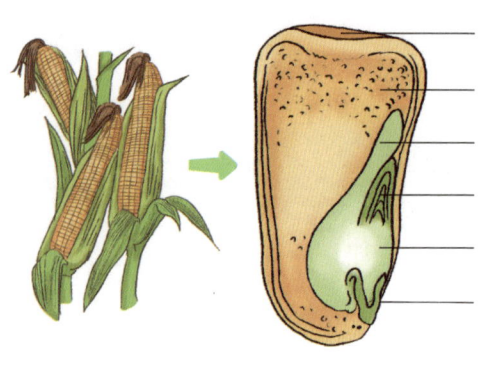

种皮:与果皮紧密结合,不易分开。
胚乳:贮藏营养物质。
子叶(1片):转运营养物质。
胚芽:将来发育成茎、叶。
胚轴:将来发育成连接根和茎的部分。
胚根:将来发育成根。

在被子植物中,像玉米种子这样具有一片子叶的植物,就称为单子叶植物。

此外,单子叶植物还有一些其他特征。

叶脉多为平行脉

根系为须根系

花瓣数量为3或3的倍数

单子叶植物和我们人类的关系也同样非常密切。

很多单子叶植物都是重要的粮食作物,如水稻、高粱、小麦、玉米、谷子、黍、大麦、青稞等。

水稻

高粱

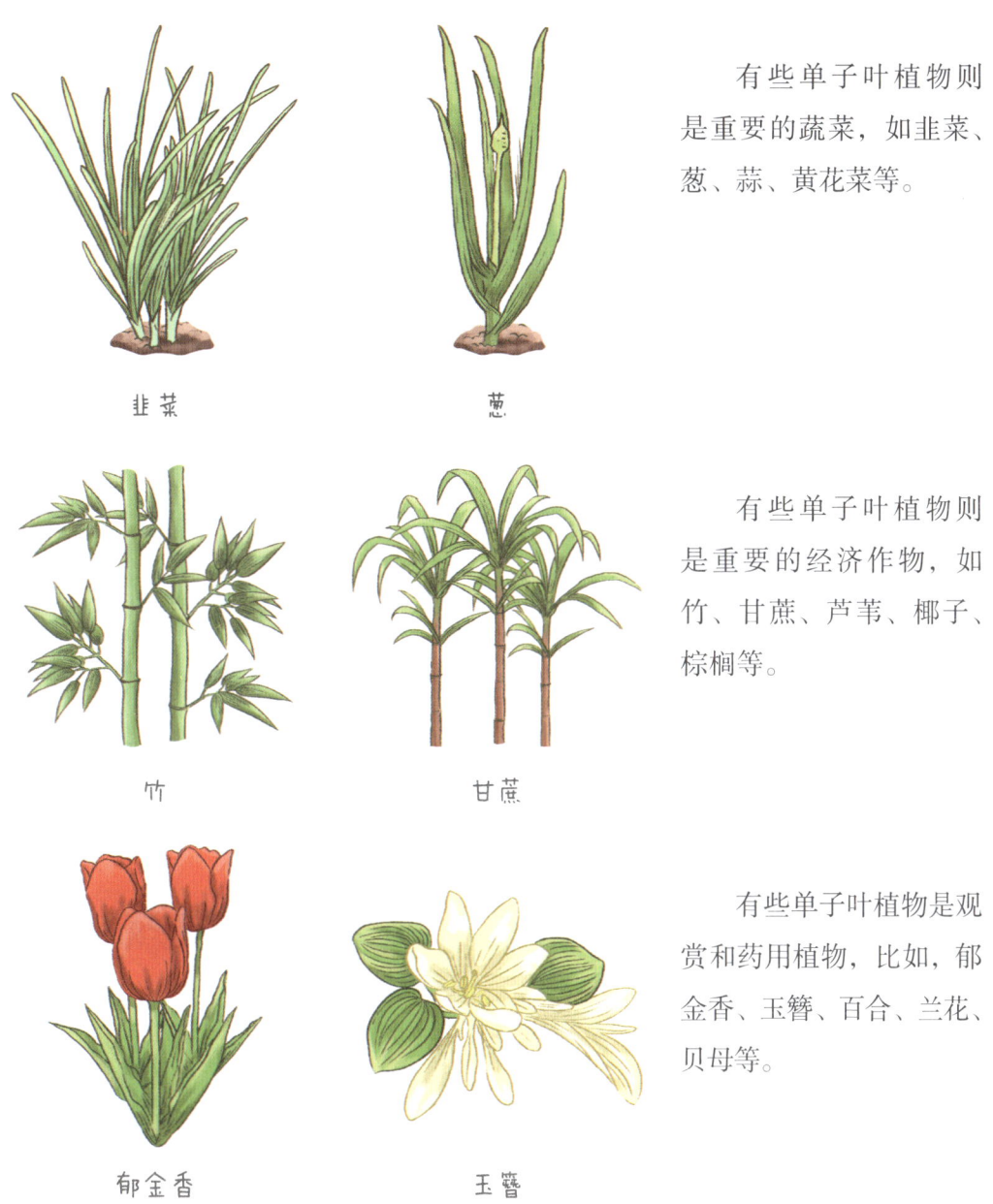

有些单子叶植物则是重要的蔬菜,如韭菜、葱、蒜、黄花菜等。

有些单子叶植物则是重要的经济作物,如竹、甘蔗、芦苇、椰子、棕榈等。

有些单子叶植物是观赏和药用植物,比如,郁金香、玉簪、百合、兰花、贝母等。

【小知识】种子繁殖的优势

孢子是生殖细胞,只有散落在温暖潮湿的环境中才能萌发,生命力弱。而种子是器官,有种皮可以保护内部的胚,子叶或胚乳中还含有丰富的营养物质。所以,种子的生命力和对环境的适应能力比孢子强,寿命也比孢子长,这也是种子植物能够"称霸"地球的一个重要原因。

11 种子发芽了

"离离原上草,一岁一枯荣。野火烧不尽,春风吹又生。"白居易的这首诗其实就是对植物生命周期的生动写照。被子植物的一生,就是从种子到种子的过程。

就是在这样的循环往复中,种子完成了自己繁殖后代的使命,使得地球上的被子植物生生不息。现在我们就从播种开始,看看被子植物在各个阶段是如何完成生命活动的。

春天是大多数作物的播种季节。有句谚语说:"清明前后,种瓜点豆。"清明时节,我国很多地方的农民忙着春耕播种。

为什么播种要在清明前后进行呢?这是因为种子的萌发需要适宜的环境条件。

1. 种子萌发需要适宜的温度。

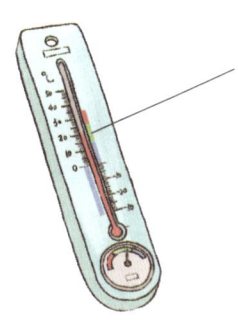

15~26℃最适宜种子的萌发,温度过高或过低都不行。

2. 种子萌发需要一定的水分。

种子吸收水分,使种皮变软,胚才容易突破种皮;水还能帮助运输营养。

3. 种子萌发需要有充足的空气。

空气中的氧气帮助种子分解有机物,为萌发提供能量,所以耕种前要给土地松土。

这三个外界条件,缺一不可,否则种子就不能萌发。

但有时即使在环境条件适宜的情况下,播种后也很长时间都不见幼苗长出来,或者出苗不全。这是怎么回事呢?

"一起种的,怎么人家的苗出得这么好呢?"

这就是种子自身的问题了,因为种子要萌发,自身也要具备一定的条件。

种子的胚必须是完整的、活的,要有供胚发育的营养物质,种子成熟且不处于休眠期。

而不具备这些条件的种子是不能萌发的。

不完整的种子

正在休眠的种子

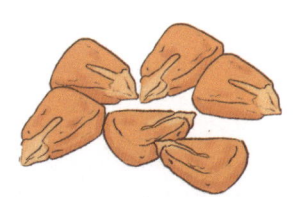

储存时间过长,胚已经死亡的种子

【小知识】种子的寿命

种子是有寿命的，且寿命的长短因植物种类的不同而不同，可以是几个星期，也可以长达数年。

柳树种子的寿命极短，成熟后只在12小时以内有发芽能力。

杨树种子的寿命一般不超过几个星期。

花生种子的寿命为1年。

小麦、水稻的种子一般能活2~3年。

玉米、蚕豆的种子一般能活5~6年。

不过，即使有些种子能活好几年，但作为生产上用的种子，还是以新鲜的为好，因为储藏的环境条件会影响种子的寿命。比如，在低温干燥的环境下，种子的寿命会延长；而在高温、潮湿的环境下，种子的寿命则会缩短。

所以，为了保证苗全苗壮，在播种前，常常要测定种子的发芽率。

种子的发芽率是指萌发的种子数占全部被测种子数的比率。发芽率计算公式如下：

$$发芽率 = \frac{萌发种子数}{全部被测种子数} \times 100\%$$

发芽率高　　　　发芽率低

经过测定，种子的发芽率如果在90%以上，则说明是优质良种，可以播种使用；如果低于50%，就需要另换种子了。

种子的萌发是被子植物生命周期的开始。现在我们就来看一看被子植物种子萌发的过程。

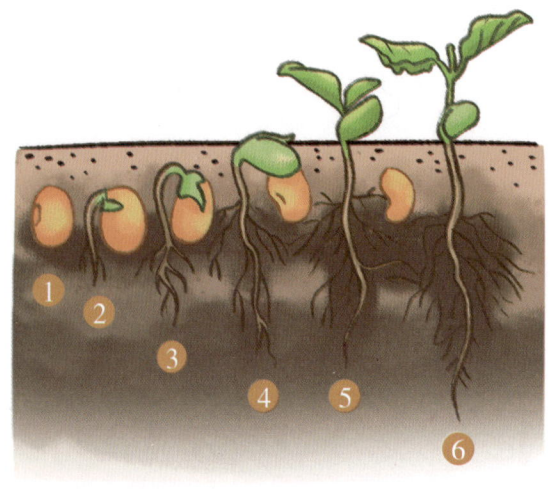

双子叶植物菜豆种子萌发的过程。

①种子吸收水分，种皮变软。同时子叶中的营养物质逐渐被转运给胚根、胚芽、胚轴。

②胚根发育，突破种皮，向地生长成根。

③根继续发育为幼苗的根系。

④胚轴伸长，胚芽发育成芽。

⑤芽进一步发育成幼苗的茎和叶。

⑥胚轴不再伸长，子叶中的养料耗尽，形成了根、茎、叶，能够独立生活。

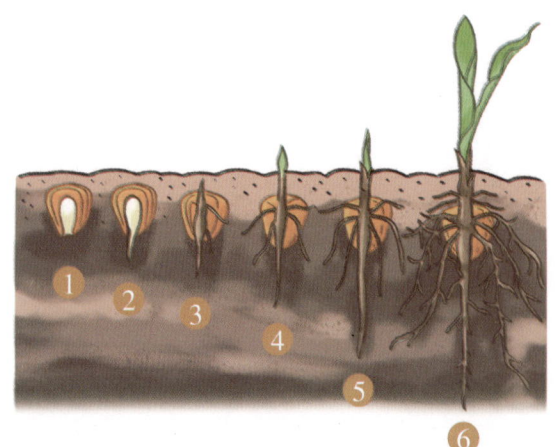

单子叶植物玉米种子萌发的过程。

①种子吸水，果皮和种皮变软，同时胚乳中的营养物质逐渐被转运给胚。

②胚根首先突破种皮，形成根。

③根继续发育，胚芽发育。

④胚轴伸长，胚芽发育成芽，破土而出。

⑤芽进一步发育成幼苗的茎和叶。

⑥胚轴不再伸长，胚乳中的养料耗尽，有了根、茎、叶，从外界吸收营养和进行光合作用，能够独立生活。

【小知识】种子包衣与人工种子

种子包衣就是给种子表面包上一层特定的种衣剂,种衣剂是由杀虫剂、杀菌剂、微生物肥料、植物生长调节剂、成膜剂、缓释剂等加工而成的。穿了包衣的种子播种后,能迅速吸水膨胀,并且,随着幼苗的生长,包含在种衣剂中的各种有效成分会缓慢释放,不仅能促进作物生长,还能防治病虫害,提高作物产量。

未处理的种子

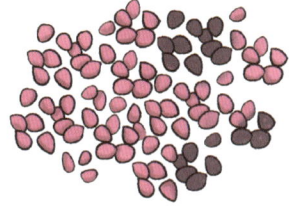
处理过的种子

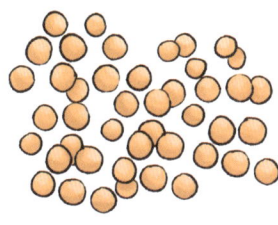
成丸的种子

人工种子,顾名思义,就是科学家仿照自然种子通过高科技手段制成的种子,它们与自然种子结构类似,功能相同,但优点却很多,比如,不受季节限制,可以在室内建立自动生产线,短时间内就能大量生产;在制作过程中,可以加入某些农药、菌肥或有益微生物等,使其具有更好的营养供应和抵抗疾病的能力,从而使植物生长得更茁壮,产量更高。

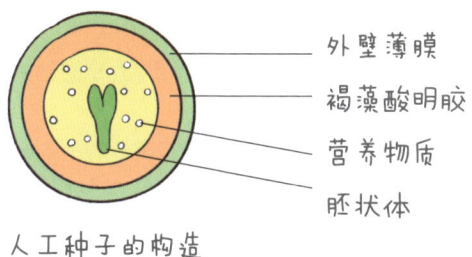
人工种子的构造（外壁薄膜、褐藻酸明胶、营养物质、胚状体）

发豆芽

你想品尝自己亲手发的豆芽吗?根据种子萌发的原理,自己动手发一些绿豆芽吧!不过,动手之前,先要想一想行动方案,比如,用什么样的绿豆种子,用什么器具,需要给种子提供什么样的环境条件等,都要考虑周全。

12 植物在不断长高

一棵幼苗由小长大的过程，实际上就是它的根、茎、叶生长的过程。它们负责为植物体吸收、运输和制造营养物质。那它们是怎样由小长大的呢？

首先是幼根的生长。根是种子萌发后首先出现的器官，它突破种皮后，主要依靠末端根尖迅速生长，形成具有吸收作用的根系。

根尖就是从根的顶端到生有根毛的一小段。根毛就是肉眼可见的、生在幼根上的白色"绒毛"。

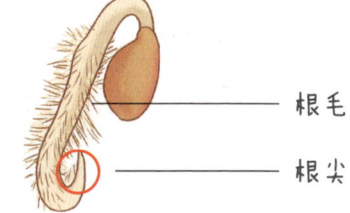
根毛
根尖

每一条根都有根尖，各种植物根尖的结构也基本相同，现在我们就来看一看玉米的根尖结构。

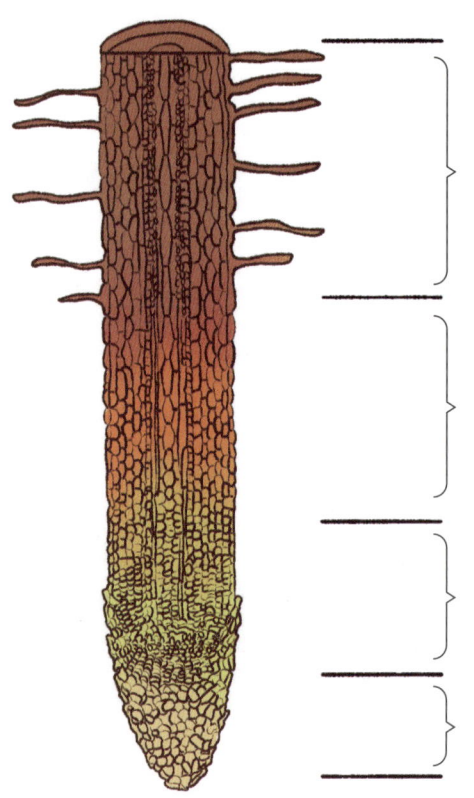

成熟区：细胞停止伸长，内部分化形成导管，表皮细胞向外突出形成根毛，根毛增大了吸收面积，是根吸收水和无机盐的主要部位。

伸长区：细胞从下往上越来越长，逐渐停止分裂，开始迅速生长，是根伸长最快的部位，能吸收水和无机盐。

分生区：细胞小，排列紧密，能不断分裂产生新细胞。一部分新细胞仍继续分裂，另一部分则分化形成根冠细胞和伸长区细胞。

根冠：在根尖的顶端，细胞较大，形状不规则，排列不整齐，具有保护分生区的作用。

根尖是幼根生长最快的部位，对植株的生长非常重要。幼苗及早地扎根和形成根系，有利于吸收营养和固定植物体。

大豆种子的胚根向下长成一条发达的主根。

在主根周围陆续生出许多粗细不等的侧根。

直根系由主根及其反复分支的侧根形成。

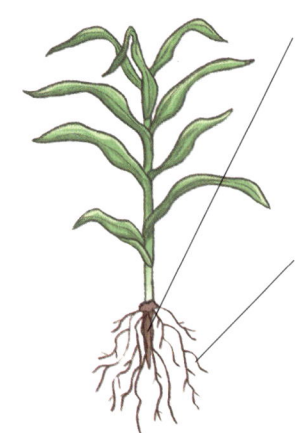

玉米种子的胚根向下伸长，不久主根退化，停止生长。

陆续长出许多像胡须一样细长的根，称为不定根。

须根系由像胡须一样的须根组成。

不过，在自然界中，有些植物为适应不同的环境，根在功能和形态方面发生了变化，即变态。变态根主要有五种：

胡萝卜的肉质直根储藏有丰富的营养物质。

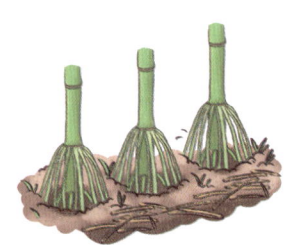

玉米的支持根可以增强茎干的支撑力量。

红薯的块根富含营养。

常春藤的攀援根可以帮助细长柔弱的茎向上生长。

红树的呼吸根可帮助沼泽地带或水边的植物自由呼吸。

认识了根的构造，那根有什么作用呢？它主要负责从土壤中吸收水和无机盐，满足植物生活的需要，这是种子萌发逐渐长成幼苗后最先进行的生理活动。而且，根具有向地、向水和向肥生长的特性，这对植物吸收水和无机盐是非常有利的。

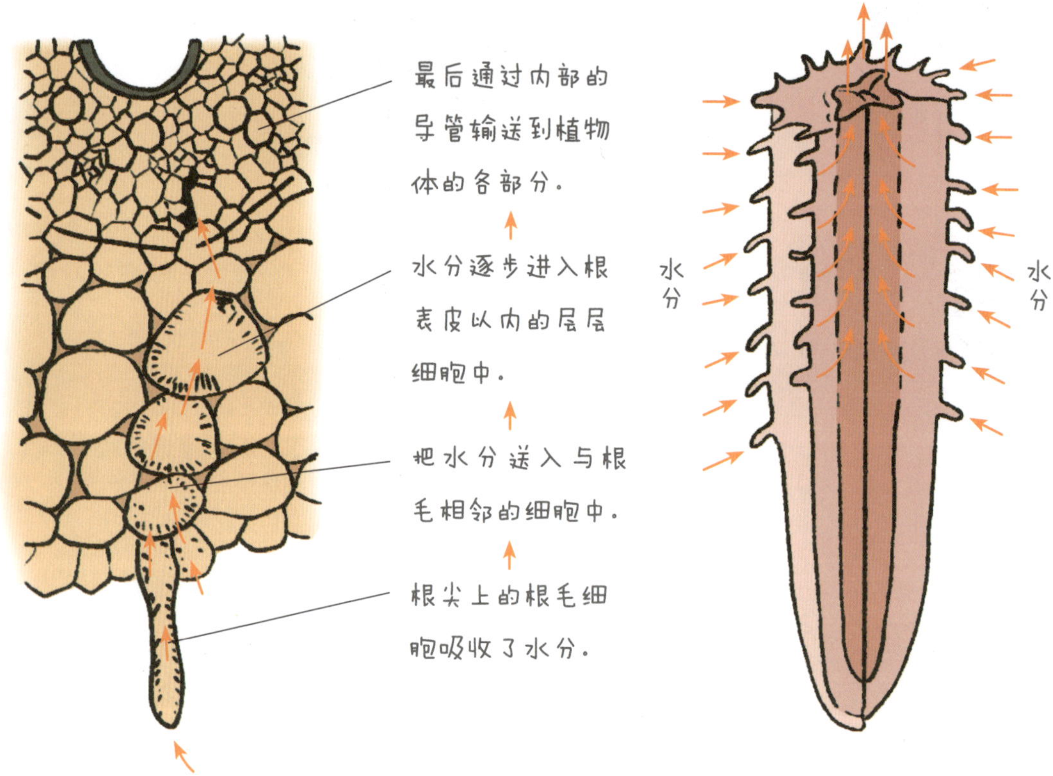

最后通过内部的导管输送到植物体的各部分。

水分逐步进入根表皮以内的层层细胞中。

把水分送入与根毛相邻的细胞中。

根尖上的根毛细胞吸收了水分。

根吸水过程示意图

这就是为什么我们在给植物浇水的时候一定要浇"透"，不能只湿土壤表层，因为根吸水的主要部位——根尖通常在土壤中较深的地方。如果不能及时给植物浇透水，植物很快就会萎蔫，这是因为植物细胞不仅能吸水，还能失水。

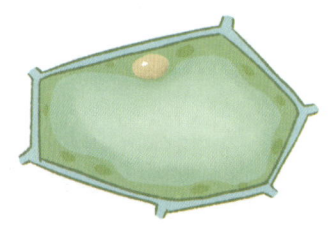

当细胞液浓度小于周围溶液浓度时，细胞失水。

当细胞液浓度大于周围溶液浓度时，细胞吸水。

当然，浇水的时候还要注意，不同植物生长过程中对水的需求量是不同的，比如，水稻一生的需水量大约是小麦一生需水量的8~10倍。

南方雨水充沛，适合水稻生长。　　　　北方降水少，适合小麦生长。

即使是同一种植物不同生长时期的需水量也不同，比如，小麦在拔节、孕穗期的需水量要比幼苗期多几十倍。

【小知识】节水灌溉

中国的水资源非常紧缺，为了节约用水，在农业灌溉方面，已逐渐淘汰过去大水漫灌的方式，而多采用喷灌、滴灌、渗灌等新型灌溉方式。

滴灌：利用塑料管道将水通过管上的孔口或滴头直接送到作物根部，是最节水的一种灌溉方式。

喷灌：借助水泵和管道系统把水喷到空中，散成小水滴或形成弥雾的一种灌溉方式。

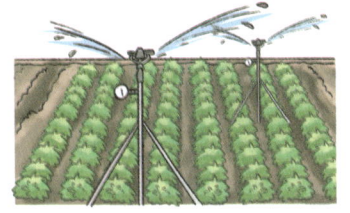

渗灌：将渗水管道埋在地表下一定的深度，借助土壤毛细管来湿润土壤。

根从土壤中吸收水的同时，还从土壤中吸收无机盐，如氮、磷、钾、硫、钙、镁等元素。溶解在水中的无机盐被根吸收后，与水一起通过导管运输到植物体的各个部分，满足细胞生活的需要。植物生活过程中需要最多的是含氮、磷、钾的无机盐。

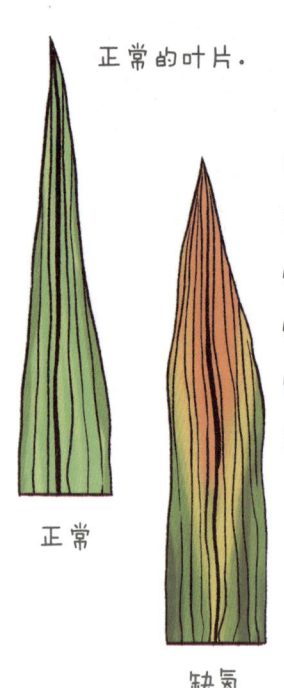

正常的叶片。

氮能促进细胞分裂和生长，使植物枝叶繁茂，植物缺氮时，植株矮小瘦弱，叶片发黄。

正常

缺氮

磷能促进幼苗发育和花的开放。缺磷时，植株会特别矮小，叶片呈暗绿色、紫色。

缺磷

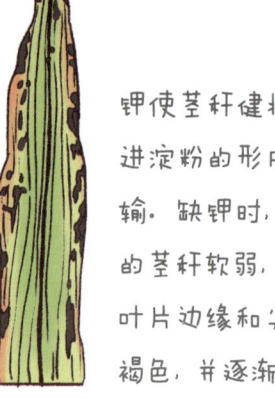

钾使茎秆健壮，促进淀粉的形成与运输。缺钾时，植株的茎秆软弱，易倒，叶片边缘和尖端呈褐色，并逐渐焦枯。

缺钾

但是，土壤中的无机盐通常满足不了植物生活的需要，因此，在农业生产中就需要给作物施肥。肥料一般分农家肥和化肥两种：

农家肥：在农村收集、沤制的肥料，如人粪尿、家畜禽粪尿、绿肥（用绿色植物体制成的肥）、泥肥、草木灰等，来源广、成本低、肥效长，能改良土壤，但肥效较慢，适宜在播种或移栽前使用。

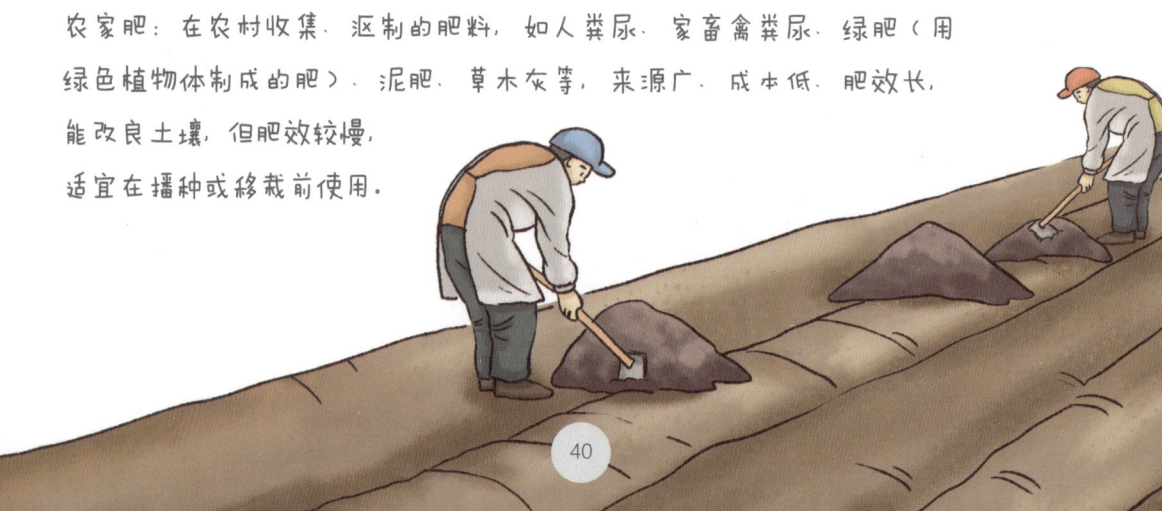

化肥：用化学、物理等方法制成的肥料，肥效高，见效快，但养分单一，长期施用不仅污染环境，土壤易板结，还会使作物"营养过剩"而枯萎，因此适合在作物生长期内少量追加使用。

在施肥的时候要注意，不同的植物对各类无机盐的需求量不同，同一种植物在不同生长时期对各类无机盐的需求量也不同，以油菜为例。

油菜苗期，即根、茎、叶快速生长时期，需要大量含氮的无机盐。

到了开花结果时期，则需要更多含磷、钾的无机盐。

【小知识】无土栽培

现代种植业已经可以不再依赖土壤了，只要根据植物生活所需要的无机盐的种类和数量，按照一定的比例配制成营养液来栽培植物，就可以使植物生活得很好，这种方法就是无土栽培。而且，无土栽培所用的培养液可以循环使用或随时调节成分，非常适宜在光照、温度适宜而没有土壤的地方使用。

根吸收了土壤中的水和无机盐后，促使胚芽发育，破土而出，很快长出叶片，胚芽顶端也随即伸长而形成主茎。然后，在主茎生长的同时，又会陆续生出新叶和侧枝。所以，主茎和侧枝都是由芽发育成的。

芽的类型，按着生位置，可分为顶芽和侧芽。

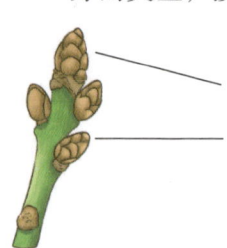

顶芽：着生在枝条顶端的芽，发育可使主茎长高。

侧芽：着生在枝条侧面的芽，发育形成侧枝，而侧枝上又可产生新的顶芽和侧芽。

按将来发育情况的不同，芽又可以分为叶芽、花芽和混合芽。

叶芽：外形瘦长，尖端明显，将来发育成枝和叶。

花芽：外形较大、较饱满，将来发育成花。

混合芽：外形比较肥大，里面有叶子和花苞，将来发育成枝条和花。

芽中有分生组织，在发育时，分生组织的细胞在不断地分裂和分化，形成新的枝条，使植物的地上部分越来越繁茂。

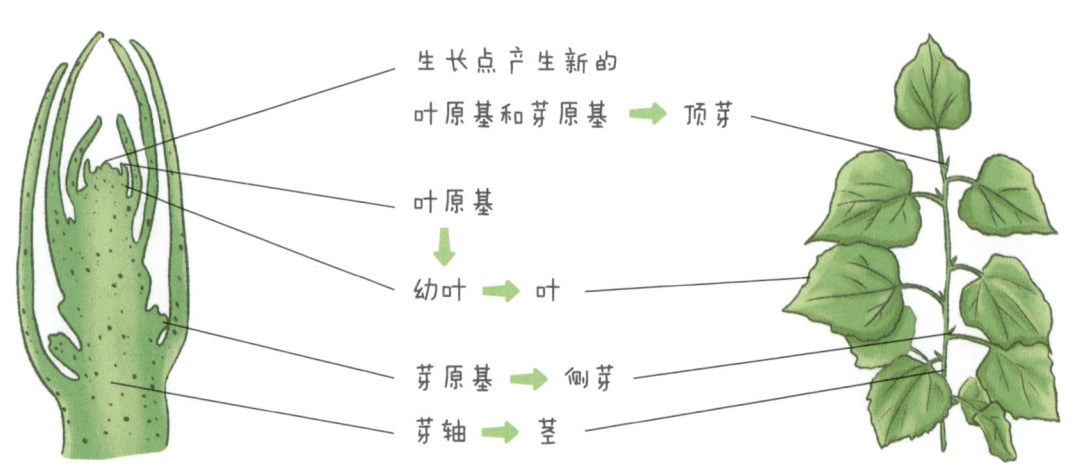

新生的枝条是由幼嫩的茎、叶和芽组成的,其上的芽还能发育成新的枝条。但是,新枝条的生长速度却受顶芽的影响。

顶芽旺盛生长时,会抑制侧芽的生长。

摘除顶芽后,侧芽就会迅速生长,形成更多的侧枝。

植物的这种顶芽优先生长,抑制侧芽生长发育的现象,就叫顶端优势。

在农业、林业和园林艺术等生产中,常会利用顶端优势的原理。比如,想要控制植物的侧枝生长,促使主干强壮、挺直,就要维持顶端优势。

顶端优势使向日葵、玉米、高粱等作物实现增产。

顶端优势使树木成材。

而如果想要增加侧枝数目或修整树型,就要把顶芽摘除,消除顶端优势。

对果树进行整枝,可使树形展开,多生果枝,增加产量。

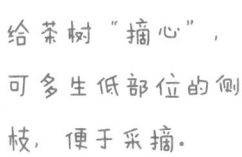

给茶树"摘心",可多生低部位的侧枝,便于采摘。

给园林花木或行道树整枝,可提高观赏价值,行道树还可扩大遮阴面积。

枝条除了会不断伸长，还会加粗生长，尤其是多年生的木本植物的茎表现最为明显，这是怎么回事呢？这其实是茎的形成层（分生组织）细胞不断分裂和分化的结果。

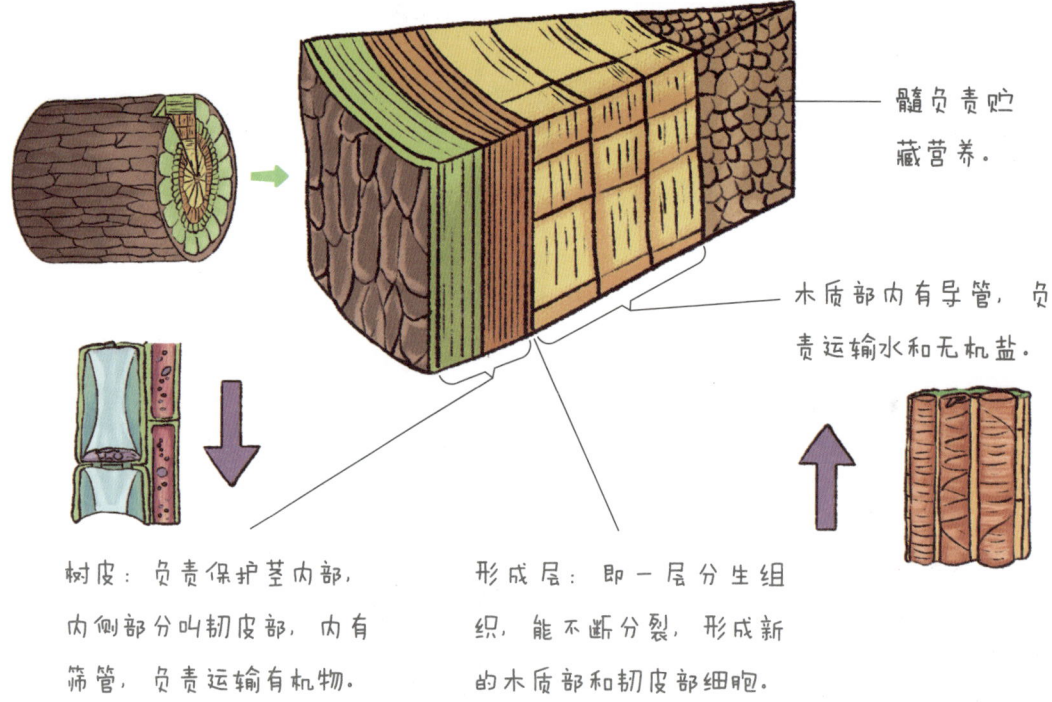

髓负责贮藏营养。

木质部内有导管，负责运输水和无机盐。

树皮：负责保护茎内部，内侧部分叫韧皮部，内有筛管，负责运输有机物。

形成层：即一层分生组织，能不断分裂，形成新的木质部和韧皮部细胞。

形成层细胞分化的新细胞，大部分向内形成木质部，少量向外形成韧皮部，这样就使树干不断地加粗生长。树干的年轮就正好反映了茎加粗生长的过程。为什么树干上会出现这么清晰的纹理呢？这是因为形成层细胞的分裂和生长受气候条件影响。

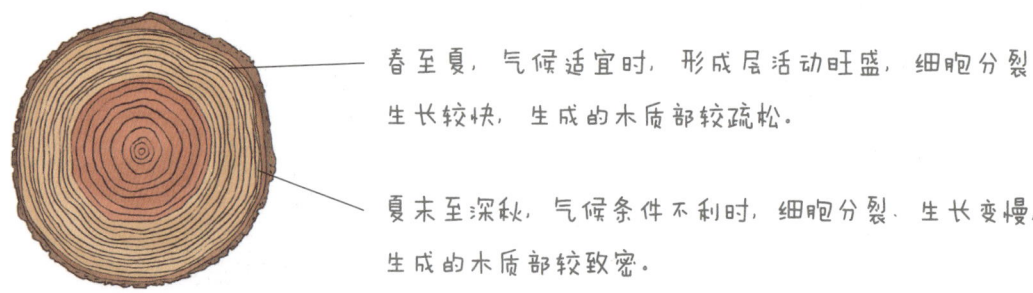

春至夏，气候适宜时，形成层活动旺盛，细胞分裂、生长较快，生成的木质部较疏松。

夏末至深秋，气候条件不利时，细胞分裂、生长变慢，生成的木质部较致密。

相邻年份形成的木质部之间有明显的界限（颜色），形成了清楚的纹理，就是年轮。

而有些植物茎中没有形成层，如水稻、小麦、牵牛花等禾本科植物，所以茎也就长不粗了。

【小知识】变态茎

有一些种类植物的茎在适应环境的过程中，在形态和功能上发了变化，这就是变态茎。

根茎：又称根状茎，指水平生长于地下的植物茎，有明显的节，比如，莲藕、姜等。

块茎：地下茎末端膨大而形成的不规则的块状茎，表面有许多芽眼，适于贮存养料和越冬，如马铃薯等。

鳞茎：一种扁平或圆盘状的地下茎，生长着许多肉质肥厚的鳞片，贮藏着营养物质和水分，能适应干旱炎热的环境，如洋葱、百合等。

球茎：由植物主茎基部膨大形成的球形、扁球形或长圆形的变态茎，内部储藏营养，如荸荠等。

肉质茎：茎绿色，肥大，适于贮存水分，可进行光合作用，适宜干旱的气候环境，如仙人球、仙人掌等。

了解了植物的根和茎，现在来看一下植物叶子是怎么生长的。叶与根、茎不同，它的生长期是有限的，在短期内生长到一定大小后，生长即停止。不过，叶子中藏着的秘密却很多，现在我们一一揭开。

叶的组成

植物的叶一般是由叶片、叶柄和托叶三部分组成。

叶柄：输导、支持作用，并把叶片和茎连接起来。

托叶：保护幼叶。

叶片：一般宽阔，薄而扁平，有利于气体交换和光能的吸收。

但并不是所有植物的叶都有这三部分，有的植物没有托叶，有的植物没有叶柄。

植物的叶，如果叶柄、叶片、托叶这三部分都有，即称为完全叶；如果缺少其中任何一部分或两部分，则称为不完全叶。

叶的基本类型

植物的叶主要有两种基本类型：

一个叶柄上只有一个叶片的叶称为单叶。

在叶柄上着生两个以上完全独立的小叶片的叶，则称为复叶。

叶序

植物的叶在茎上是有一定排列方式的,叶片着生位置的不同构成不同的叶序,通常有三种主要类型。

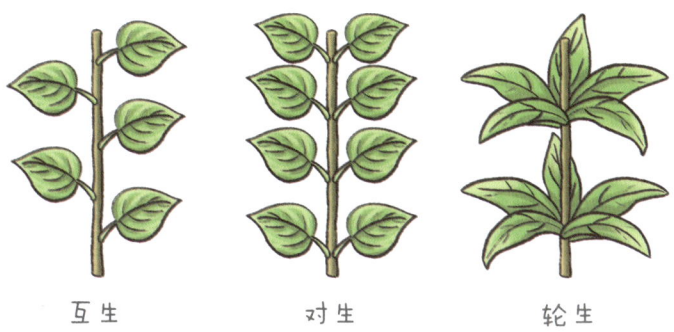

互生　　　　对生　　　　轮生

叶形

叶形是叶片的外形或基本轮廓,不同植物的叶形变化很大,常见的叶形主要有:

针形　披针形　矩圆形　椭圆形　卵形　圆形　倒披针形　倒卵形

条形　匙形　扇形　镰形　肾形　菱形　楔形

倒心形　提琴形　三角形　心形　鳞形

> **画一画** | 这些形状的叶片你都见吗？除了这些叶形，你还见过哪些叶形？试着画一画吧！

叶的变态

叶是植物体中对环境最敏感的器官，其形态结构最容易随环境条件的不同而发生改变，以适应所处的环境。来看看下面这些变态叶吧！

叶刺：植物的叶片高度退化成刺状，以减少水分的散失，适于生长在干旱地区，如仙人掌、仙人球等。

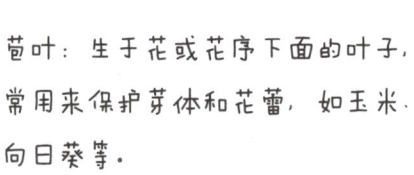

苞叶：生于花或花序下面的叶子，常用来保护芽体和花蕾，如玉米、向日葵等。

叶卷须：纤细的线状叶，能缠绕攀附在其他物体上，可增强茎的支撑力量，如豌豆等。

捕虫叶：呈瓶状或盘状，上面有分泌黏液和消化液的腺毛，能捕食昆虫，并将昆虫消化和吸收，如猪笼草等。

此外，不同种类植物的叶在大小、颜色等方面的差异也很大，但不管怎样变化，它们的组成和结构都基本相同。通常，叶片的内部结构分为表皮、叶肉和叶脉三部分。

上表皮：细胞单层紧密排列，无色透明，无叶绿体，分布着气孔，属于保护组织。

叶脉：由机械组织和输导组织构成，成束分布在叶肉组织之中，是叶片的"骨架"，具有支持和运输作用。

栅栏组织：细胞呈圆柱形，接近上表皮，排列比较整齐，像栅栏一样，细胞内含叶绿体较多，使叶片的正面看上去颜色较深。

叶肉：由叶肉细胞构成，内有叶绿体，能进行光合作用，属于营养组织。

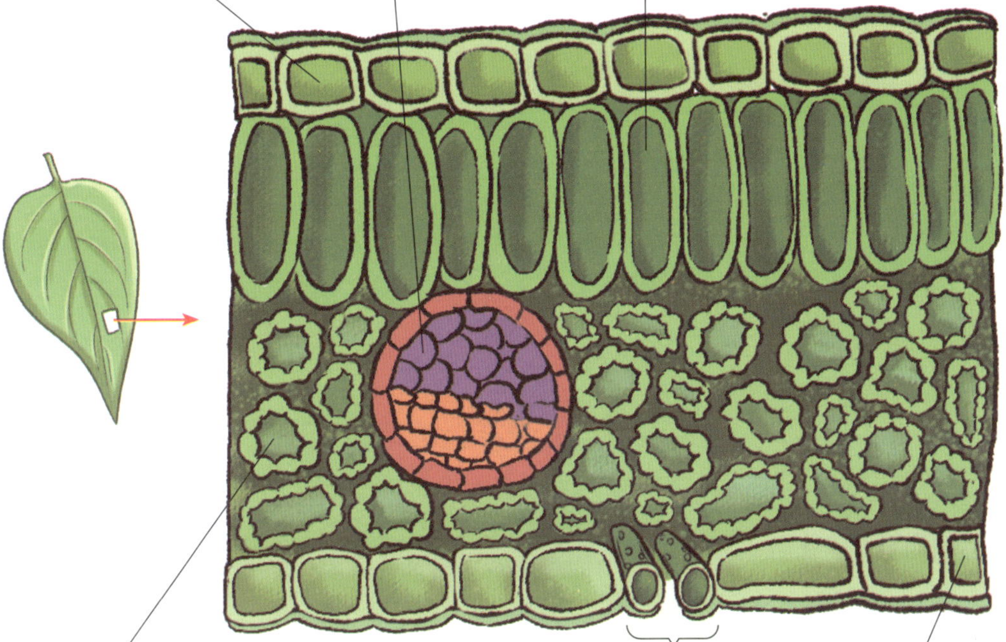

下表皮：气孔比较多，但有角质膜可防止水分过多散失。

海绵组织：细胞形状不规则，排列疏松，含叶绿体较少，所以叶片的背面看上去颜色较浅。

气孔：是由一对半月形的保卫细胞围成的空腔，是气体交换和水分散失的门户。保卫细胞控制着气孔的张开和闭合。

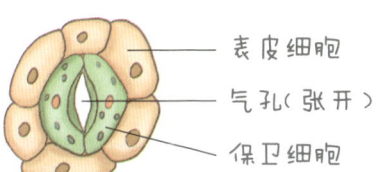

太阳升起，保卫细胞吸水膨胀，气孔张开。

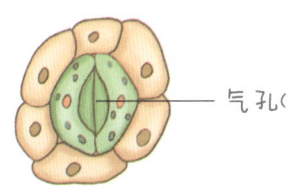

夜幕降临，保卫细胞失水收缩，气孔闭合。

我们知道了植物叶的结构,那这种结构对植物生长有什么作用呢?生物圈中的每一种生物都需要氧气和能量,而氧气和能量都离不开植物的光合作用,叶就是植物进行光合作用的主要场所。叶片的表皮、叶肉和叶脉都有适于光合作用的特点。那什么是光合作用呢?

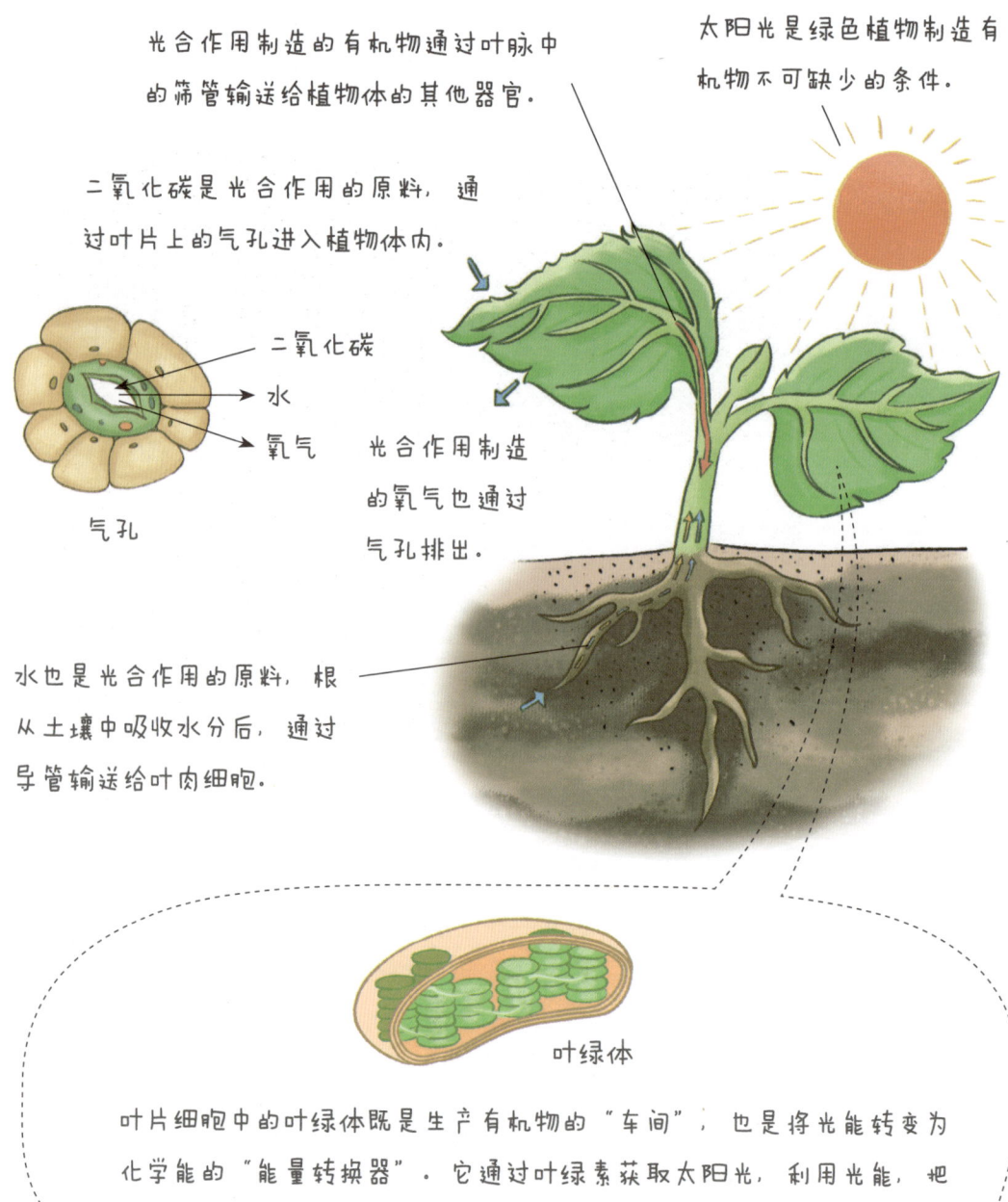

绿色植物通过叶绿素捕获太阳光，利用光提供的能量，在叶绿体中合成淀粉等有机物，并且把光能转变为化学能储存在有机物中，这个过程就是光合作用。光合作用的反应式为：

$$二氧化碳 + 水 \xrightarrow[叶绿体]{光能} 有机物（贮存能量）+ 氧气$$

光合作用制造的淀粉等有机物在植物体内还会转变成蛋白质、脂肪等其他有机物，进而构成各种组织、器官及整个植物体，其不仅能满足植物体自身需要，还为生物圈中的其他生物提供了基本的食物来源。

苹果、梨等果实含有丰富的碳水化合物。

黄豆和花生的种子中富含蛋白质和脂肪。

芝麻、葵花子、松子等植物种子中含有较多的脂肪。

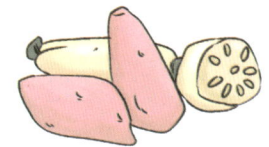
红薯的根、莲藕的茎中都含有维生素。

植物生长越旺盛，需要的有机物就越多，这就要求在种植作物时，要充分利用光能，让作物的叶片能充分地接受光照，有效地进行光合作用。

种植过稀，会因作物没有充分利用单位面积上的光照而造成浪费，影响产量。

种植农作物时，既不能过稀，也不能过密，应该合理种植，丰产增收。

种植过密，植株叶片互相遮挡，会影响植物的光合作用，影响产量。

虽然绿色植物通过光合作用制造了有机物，但植物细胞还不能直接利用，必须先把有机物分解，这就需要呼吸作用来帮忙了。那什么是呼吸作用呢？

细胞利用氧气，将有机物分解成二氧化碳和水，并且将储存在有机物中的能量释放出来，供给生命活动的需要，这个过程叫作呼吸作用。呼吸作用的反应式为：

$$\text{有机物（储存能量）} + \text{氧气} \xrightarrow{\text{线粒体}} \text{二氧化碳} + \text{水} + \text{能量}$$

发现了吗？植物的呼吸作用和光合作用是相互对立又相互依存的，而呼吸作用的实质就是分解有机物，释放能量。

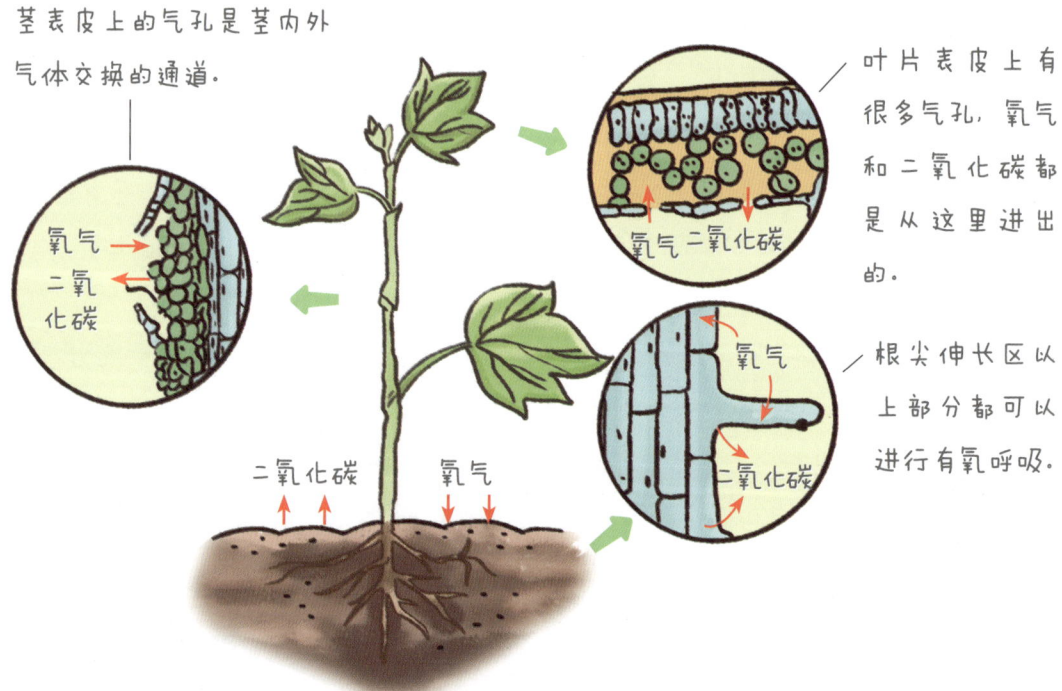

呼吸作用发生在所有植物细胞内部，细胞内的线粒体是气体交换的场所。

植物通过呼吸作用释放的能量，一部分用于植物体的各种生命活动，而大部分都转化成热能散失了。所以，植物体的所有活细胞都在不停地呼吸，否则，呼吸作用一旦停止，就意味着生命的终结。

不过，呼吸作用的强弱会受温度、水分、氧气及二氧化碳浓度等条件的影响。所以，为了让植物长得更茁壮、产量更高，就要保证植物的呼吸作用能够顺利进行。

在植物生长期间，适时在株行间松土，可使空气流通，促进植物呼吸。

发生洪涝时，要及时给农田排涝，以使植物根部得到充分的氧气，促进有机物的分解。

相反，如果是为了贮存植物的果实、种子等，则需要采取措施降低其呼吸作用的强度，比如，减少含水量、降低温度、降低氧含量等，以延长贮存时间。

粮食收获后，要及时晾晒，去除水分。

贮藏粮食时，保持干燥和低温。

用冰箱保鲜水果、蔬菜。

用保鲜膜隔绝大部分氧气，使蔬菜和水果保鲜。

【小知识】新疆的瓜果为什么如此甜美

瓜果的甜味来自有机物中的糖，糖越多越甜。新疆位于中国西北内陆地区，为典型的大陆性气候，夏季白天光照时间长、温度高，瓜果通过光合作用能产生更多的糖。到了晚上，温度迅速降低，瓜果的呼吸作用也会迅速减弱，消耗的糖大量减少。这样一来，瓜果内积累的糖就会更多，自然就更甜了。

植物体通过根从土壤中不断地吸收水分，但其实只有 1% 左右供植物光合作用和其他生命活动利用，其余 99% 左右的水分去哪里了呢？通过蒸腾作用散失到环境中了。

水分从活的植物体表面以水蒸气状态散失到大气中的过程，叫作蒸腾作用。

蒸腾作用主要是在叶片中进行的，叶片的面积越大，蒸腾作用越强。

99% 左右的水分都变成水蒸气从气孔散发到大气中。

水分通过根、茎、叶中的导管被输送到叶肉细胞。

根从土壤中吸收水分。

植物的蒸腾作用示意图

除了叶片，在叶柄和幼嫩的茎处，也能进行一定的蒸腾作用。蒸腾作用可以促进根不断从土壤中吸收水分，并促进水和无机盐向上运输，避免阳光灼伤叶肉细胞，还能促进生物圈的水循环。

【小知识】影响蒸腾作用的外界因素

光照强，温度高，叶内水分汽化过程加快，蒸腾作用加强，反之则减弱。

湿度小，空气干燥，蒸腾作用强；反之，较大的湿度会使水分汽化速度减慢，蒸腾作用减弱。

空气流动速度快，比如有风时，蒸腾作用会加强，反之则减弱。

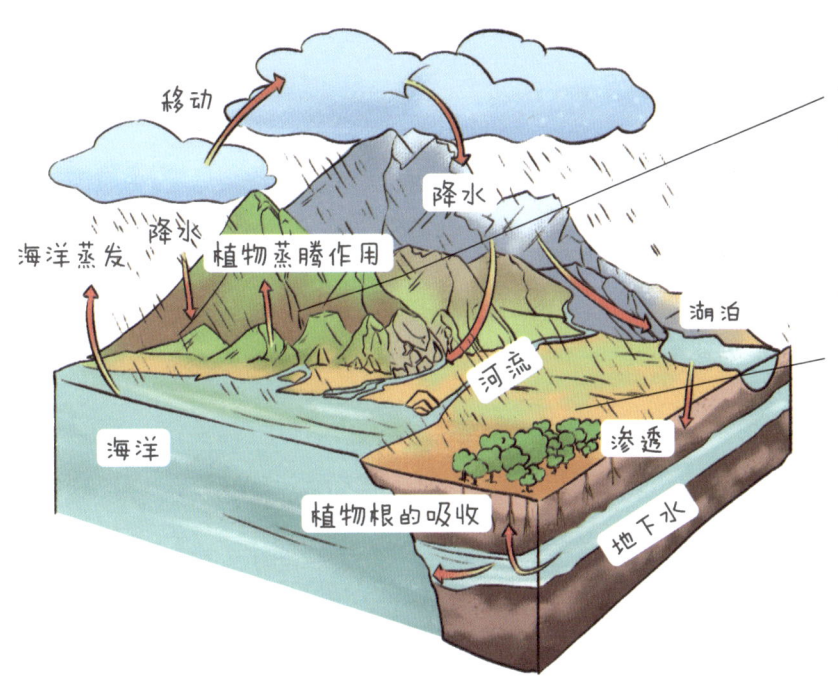

绿色植物的蒸腾作用能够提高大气湿度，增加降水。

树林中的枯枝落叶能够吸纳大量的雨水，使雨水更多地渗入地下，补充地下水。

可以说，一片森林就是一座绿色的水库，我们应该好好保护森林，并积极植树造林和养花种草。不过，蒸腾作用有时也会影响植物的正常生长。

没有及时给植物浇水，植物就会因为脱水枯萎，甚至死亡。

移栽树木时要去掉一些枝叶，以降低蒸腾作用，提高移栽植物的成活率。

【小知识】植物为什么会落叶

每到秋季，中国北方地区气温降低，雨水减少，植物根部吸收的水分和无机盐已不能满足植物体的需要。此时，叶就开始变黄脱落，以降低蒸腾作用，减少植物内部水分的散失。

13 啊！开花了

被子植物生长到一定时期，枝上的花芽就会逐渐发育成花蕾，成熟花蕾绽开就是开花，这也标志着植物体进入一生的成熟阶段。

虽然不同植物的花形和花色多样，但是，各种花的主要结构和功能基本相同。我们就以桃花为例，了解一下花的结构。

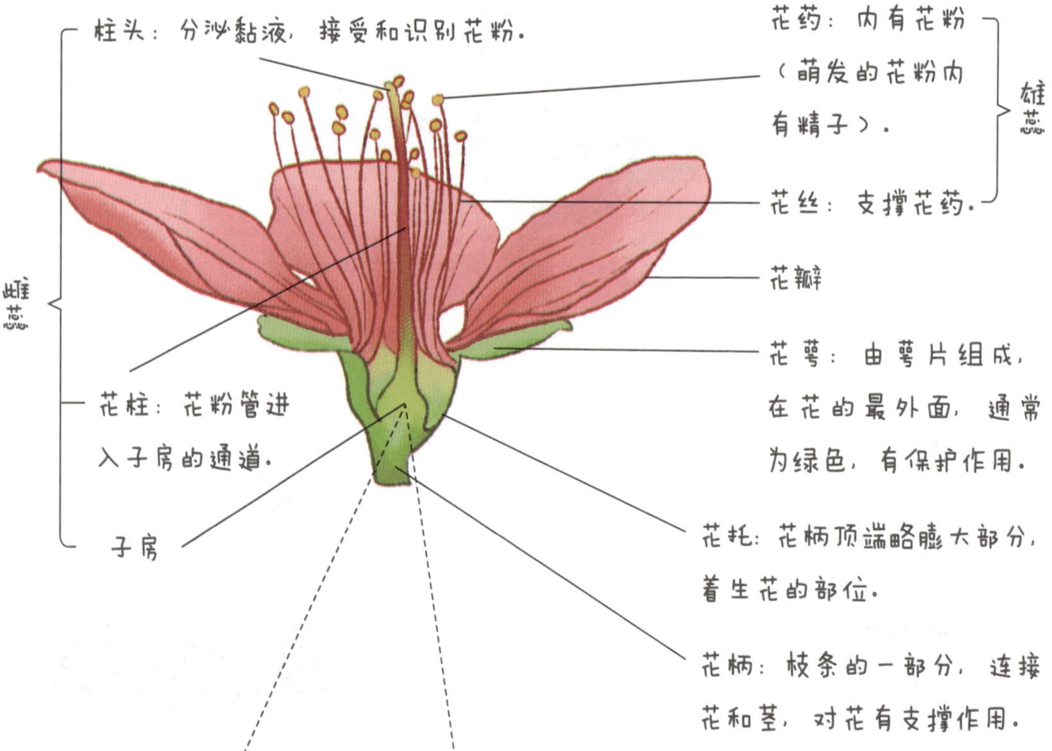

- 柱头：分泌黏液，接受和识别花粉。
- 花药：内有花粉（萌发的花粉内有精子）。｝雄蕊
- 花丝：支撑花药。
- 花瓣
- 花萼：由萼片组成，在花的最外面，通常为绿色，有保护作用。
- 花柱：花粉管进入子房的通道。
- 子房
- 雌蕊
- 花托：花柄顶端略膨大部分，着生花的部位。
- 花柄：枝条的一部分，连接花和茎，对花有支撑作用。

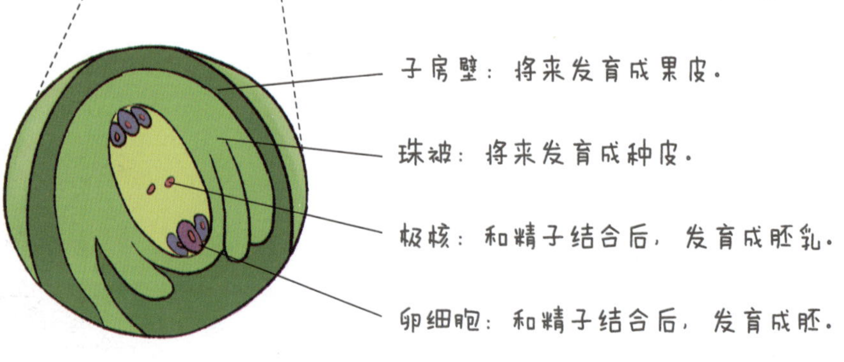

- 子房壁：将来发育成果皮。
- 珠被：将来发育成种皮。
- 极核：和精子结合后，发育成胚乳。
- 卵细胞：和精子结合后，发育成胚。

子房内胚珠的示意图

【小知识】花的分类

花的主要结构之一是花蕊，即雄蕊和雌蕊。根据花中有无雄蕊、雌蕊，可对花进行分类。

一朵花上既有雄蕊又有雌蕊，叫作两性花，如百合、郁金香、桃花等。

百合

郁金香

一朵花上只有雌蕊或雄蕊，叫作单性花，如黄瓜、玉米等。

只有雌蕊，没有雄蕊；只有雄蕊，没有雌蕊。
黄瓜

雄蕊
雌蕊
玉米

一朵花上既无雄蕊也无雌蕊，叫作无性花，如绣球及向日葵花盘边缘的舌形花。

绣球

向日葵

当花发育成熟后，花冠和花萼绽开，露出雌蕊和雄蕊，这一过程就是开花。开花有利于植物的传粉。

开花时，雄蕊上成熟的花药开裂，花粉粒散出并落到雌蕊柱头上的过程，叫作传粉。

植物传粉的方式一般有两种类型：自花传粉和异花传粉。

自花传粉　　　　　　　　　异花传粉

自花传粉，即一朵花的花粉，从花药散放出来以后，落到同一朵花的柱头上的传粉现象。比如，小麦、水稻、豌豆等作物都能进行自花传粉。

小麦花　　　　　　水稻花　　　　　　豌豆花

异花传粉，即花粉需要依靠外力落到另一朵花的柱头上的传粉方式。这个外力主要是风和昆虫。

风媒花：花冠不鲜艳，无香味和蜜腺，花粉轻而干燥，易被风吹散；柱头常有分叉，会分泌黏液，粘住飞来的花粉，如蒲公英、柳花、玉米等。

蒲公英

虫媒花：花冠大，颜色鲜艳，有香味，能分泌花蜜，花粉甜美、粒大，有黏性，易粘在昆虫身体上，如油菜花、桃花、杏花等。

杏花

当花粉落在雌蕊柱头上以后，受精开始了。

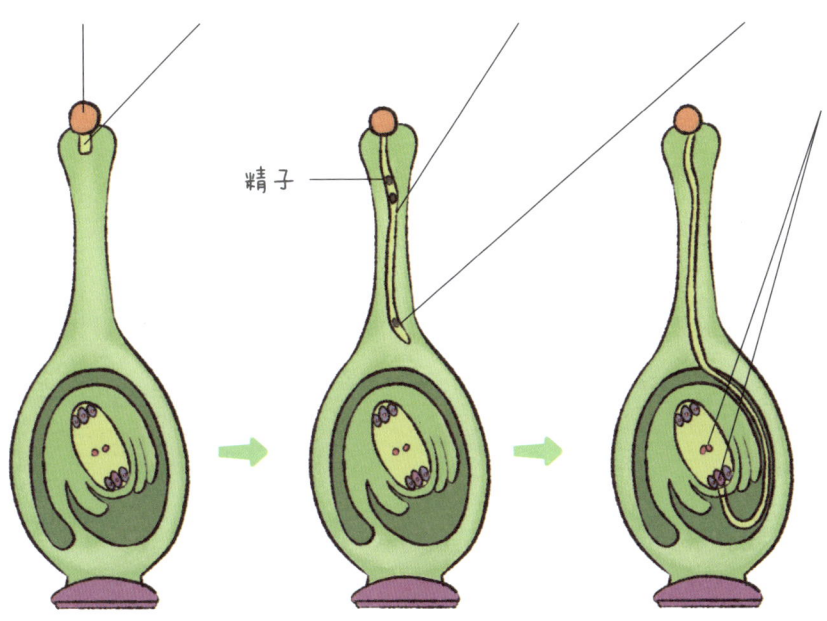

花粉落到柱头上。

在柱头上黏液的刺激下开始萌发，长出花粉管。

花粉管穿过花柱，进入子房。

花粉管中的精子随着花粉管的伸长而向下移动。

精子

花粉管进入胚珠内部，释放出其中的两个精子，一个精子与卵细胞结合，形成受精卵，未来发育成胚；另一个精子与极核结合，形成受精的极核，未来发育成胚乳，贮存营养物质。

这一过程称为双受精，是被子植物所特有的生殖现象。不过，并不是所有的花粉都能落在同种花的柱头上开始受精，也不是所有的柱头都能得到同种植物的花粉。

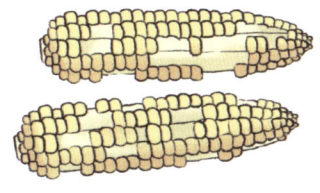

玉米缺粒就是由传粉不足引起的。

所以，人们常会采用人工授粉的方法，来弥补自然状态下传粉的不足。

先用袋子套住雄蕊，收集花粉。

将收集好的花粉涂抹或倒在同种植物雌蕊的柱头上。

14 结出了果实和种子

受精完成后,柱头、花柱等纷纷凋落,而雌蕊的子房则继续发育成为果实,其中子房壁发育成果皮,保护种子;子房里面的胚珠发育成种子:胚珠的珠被发育成种皮,胚珠里面的受精卵经过细胞分裂和分化,在胚珠中发育成胚,它是新一代植物体的幼体。

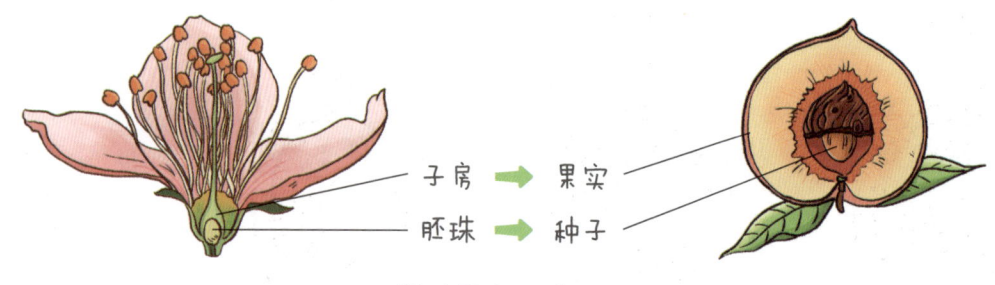

子房 ➡ 果实
胚珠 ➡ 种子

形成果实的过程

没想到吧?我们常吃的水果,其实是在吃果实的果皮。像桃、葡萄、李、杏、柑橘、花生等果实,它们的果皮都是由子房壁发育来的,这样的果实属于真果。真果的果皮一般分为三层:外果皮、中果皮和内果皮。

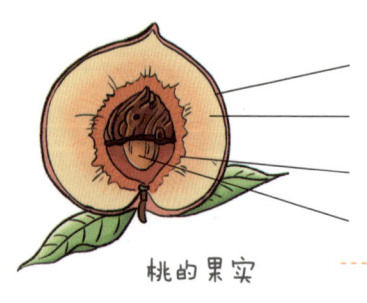

最外面的薄皮是外果皮
多肉部分是中果皮
桃核外层的硬壳是内果皮
桃核里的桃仁是种子

桃的果实

外面的壳是果皮
里面的花生仁是种子

花生的果实

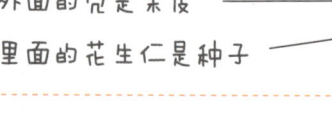

最外面的薄皮是外果皮
肉质多汁的部分是中果皮和内果皮
葡萄籽是种子

葡萄的果实

而像苹果、梨的果实，果肉部分是由花托和子房壁发育来的，这样的果实属于假果。

平时食用的果肉部分是由苹果花的花托发育来的。

苹果花的子房壁发育的果皮是我们不吃的果核部分。

苹果籽是种子。

苹果的果实

不论是真果还是假果，果实的作用就是帮助植物传播种子，而依靠种子来繁殖后代的方式，属于有性生殖。那么，种子成熟后是怎么传播的呢？

弹力传播：果皮爆裂，内部的种子就会射出去，如凤仙花、油菜、豌豆、大豆、芝麻等。

动物传播：种子随动物粪便的排出而散布出去，如野葡萄、樱桃等。

风力传播：风一吹种子就会飘到较远的地方，如蒲公英、柳絮等。

水力传播：种子成熟后掉到水中，被冲到岸边后生根发芽，如椰子、莲子、芡实等。

黏附传播：有些植物的种子外部分布着倒钩，会粘在人的衣服或动物的皮毛上，随着人或动物去向远方，如苍耳。

通过不同的散播种子方式，植物可以扩大分布范围，有益于种族的延续。但也有很多绿色开花植物是不依靠种子来传播的，而是利用植物体的营养器官（根、茎、叶）来直接产生新个体，称为营养生殖，属于无性生殖的一种。

不经过两性生殖细胞的结合，由母体直接产生新个体的生殖方式，称为无性生殖，如营养生殖、细菌的分裂生殖、水绵的断裂生殖、蕨类植物的分株繁殖和珠芽繁殖、酵母菌的出芽生殖、克隆等。

绿萝用根、茎、叶都能生殖

落地生根用叶生殖

马铃薯用块茎生殖

与有性生殖相比，无性生殖的繁殖速度更快，在适宜条件下，短时间内就能繁殖出大量相同的新个体。所以，现在人们就经常利用植物的无性生殖来栽培农作物和园林植物。

扦插：把某些植物的茎、叶、根、芽等剪下来，插入土、沙中或浸泡在水中，它们很快就会生根、发芽，最后长成一个新植株。比如，红薯、葡萄、菊、月季、杨柳等。

嫁接：把一个植物体的芽或枝接在另一个植物体上，然后长成一个完整的植物体，比如，桃树、李树、杏树、苹果树、柿树等，都是利用嫁接来繁育优良品种的。有枝接和芽接两种方法。

枝接：利用植物体上一段带芽的枝条作为接穗进行嫁接。

芽接：以枝条上的芽体为接穗进行嫁接。

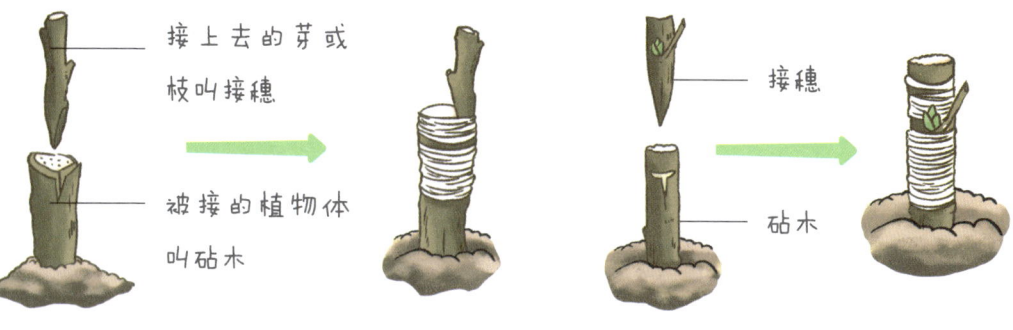

压条：将植物的枝、蔓压埋于湿润的土壤中，待其生根后，再从母体上割离栽植，使其成为新植株。

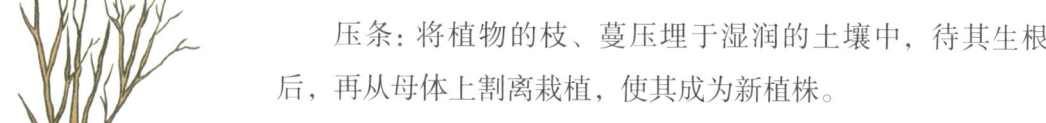

葡萄压条繁殖

植物的组织培养：把植物的茎尖、叶片、茎段或花药、花粉等放置于无菌条件下，在人工配制的培养基上培养，使它们发育成完整的植物体。这种方法可在短时间内繁殖出大批植株，培育出无病毒植株。

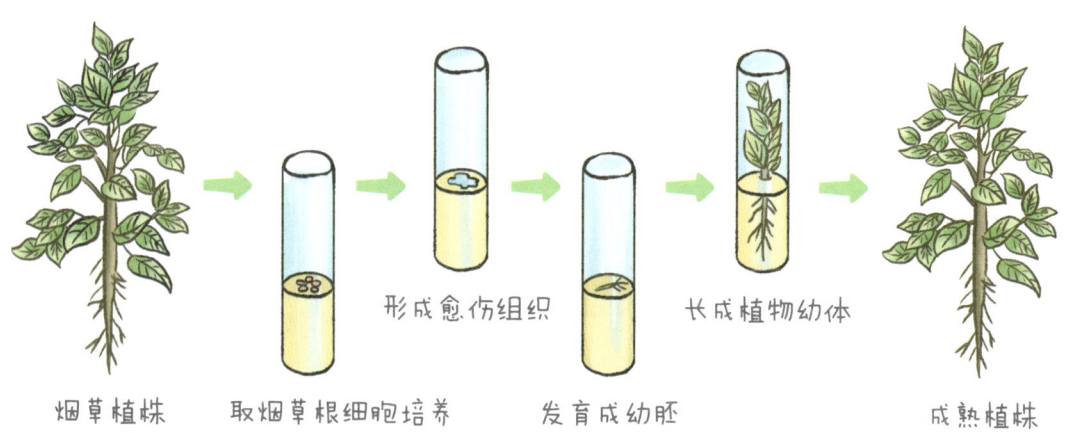

15 绿色植物在生物圈中的作用

跟着绿色植物的生命循环走了一圈，不可否认，它们是生物圈中最基本、最重要的部分，对生物圈的存在和发展起到决定性作用。

制造有机物，养育了生物圈中的其他生物。

吸收二氧化碳，产生氧气，维持生物圈中的碳－氧平衡。

通过蒸腾作用促进和参与生物圈的水循环。

为各种动物提供了生存环境和物质保障。

为人类提供衣食住行。

能防风固沙、涵养水源、防止水土流失、调节气候、美化环境等。

总之，保护绿色植物对维持生物圈的生态平衡具有重要意义。中国幅员辽阔，地形、气候多样，植物资源极为丰富。为了保护植物资源，国家颁布了一系列法律法规，确立了十多项大型生态工程，大力提倡全民义务植树、绿化祖国，并将每年的3月12日定为全国的"植树节"。

参加植树造林，是每一个公民应尽的义务。

写给小学生的科学知识系列

生物这么奇妙
不可思议的动物

姚 琨◎编著

吉林科学技术出版社

图书在版编目（CIP）数据

生物这么奇妙 / 姚琨编著 . -- 长春 : 吉林科学技术出版社 , 2023.10（2024.7 重印）.
（写给小学生的科学知识系列 / 吴鹏主编）
ISBN 978-7-5578-9834-2

I.①生… II.①姚… III.①生物学—少儿读物 IV.① Q-49

中国版本图书馆 CIP 数据核字（2022）第 182084 号

写给小学生的科学知识系列

生物这么奇妙
SHENGWU ZHEME QIMIAO

编　　著	姚　琨
策 划 人	张晶昱
出 版 人	宛　霞
责任编辑	李万良
助理编辑	宿迪超　周　禹　郭劲松　徐海韬
封面设计	长春美印图文设计有限公司
美术设计	李　涛
制　　版	上品励合（北京）文化传播有限公司
幅面尺寸	170 mm×240 mm
开　　本	16
字　　数	150 千字
印　　张	12
页　　数	192
印　　数	9001-14000 册
版　　次	2023 年 10 月第 1 版
印　　次	2024 年 7 月第 3 次印刷

出　　版	吉林科学技术出版社
发　　行	吉林科学技术出版社
社　　址	长春市福祉大路 5788 号出版大厦 A 座
邮　　编	130118
发行部电话 / 传真	0431-81629529　81629530　81629531
	81629532　81629533　81629534
储运部电话	0431-86059116
编辑部电话	0431-81629378
印　　刷	长春百花彩印有限公司

书　　号　ISBN 978-7-5578-9834-2
定　　价　90.00 元
版权所有　翻印必究　举报电话：0431-81629378

目 录

思维导图——动物的主要类群 /4

思维导图——动物的行为 /5

01 什么是动物 / 6

02 动物的进化历程 / 8

03 腔肠动物：身体像管子 / 10

04 扁形动物：身体两侧对称 / 12

05 线形动物：身体细长如线 / 14

06 环节动物：身体细长有节 / 16

07 软体动物：身体软，外壳硬 / 18

08 节肢动物：分节，外披骨骼 / 20

09 鱼：水中的脊椎动物 / 24

10 两栖动物：水里陆地都是家 / 26

11 爬行动物：在陆地上爬着走 / 28

12 鸟：天空的主宰 / 32

13 哺乳动物：胎生，乳汁哺育 / 38

14 复杂多样的动物行为 / 42

15 动物在生物圈中的作用 / 62

思维导图 动物的主要类群

无脊椎动物

腔肠动物
- 身体呈辐射对称
- 体表有刺细胞
- 有口，无肛门
- 代表动物：水螅、海蜇等

扁形动物
- 身体呈左右对称
- 背腹扁平
- 有口，无肛门
- 代表动物：涡虫、血吸虫等

线形动物
- 身体细长，呈圆柱形
- 体表有角质层
- 有口，有肛门
- 代表动物：蛔虫、蛲虫等

环节动物
- 身体细长，呈圆筒形
- 有环形体节
- 靠刚毛或疣足辅助运动
- 代表动物：蚯蚓、沙蚕、水蛭等

节肢动物
- 体表有坚硬的外骨骼
- 身体和附肢都分节
- 代表动物：蚂蚁、蜘蛛、虾、蟹、蜈蚣等

软体动物
- 柔软的身体表面有外套膜
- 大多具有贝壳
- 用鳃呼吸，靠足运动
- 代表动物：蜗牛、蚌、扇贝、乌贼等

脊椎动物

鱼
- 生活在水中
- 体表有鳞片覆盖
- 用鳃呼吸
- 通过尾部和躯干部的摆动及鳍的协同作用游泳
- 代表动物：鲤鱼、草鱼、鲫鱼、带鱼等

两栖动物
- 幼体生活在水中，用鳃呼吸
- 成体可在水中和陆地上生活，用肺呼吸，皮肤可辅助呼吸
- 代表动物：青蛙、蟾蜍、大鲵、蝾螈等

爬行动物
- 体表覆盖角质的鳞片或甲
- 用肺呼吸
- 在陆地上产卵，卵表面具有坚韧的卵壳
- 代表动物：蜥蜴、鳄鱼、蛇、龟等

鸟
- 体表覆盖羽毛
- 前肢变成翼
- 有喙，无齿
- 有气囊辅助肺呼吸
- 代表动物：鸽子、鹰、麻雀等

哺乳动物
- 体表被毛
- 胎生，哺乳
- 牙齿有门齿、犬齿、臼齿的分化
- 代表动物：兔、猴、牛、羊等

思维导图：动物的行为

觅食行为
- 用触手捕食
- 依靠气味寻找目标
- 利用红外感受器
- 依靠喙、爪、翅膀等
- 利用工具
- 伏击
- 对食物进行初加工
- 贮存食物

防御行为
- 穴居
- 保护色
- 警戒色
- 拟态
- 回缩
- 逃逸
- 威吓
- 假死
- 转移被攻击的部位
- 迷惑
- 释放臭气
- 反击

节律行为
- 昼夜节律
- 月运节律
- 季节节律

育儿行为
- 哺乳
- 孵化后喂养
- 帮助其他动物孵化、喂养
- 把卵放在育儿囊里、背上、沙地的洞中等

求偶行为
- 艳丽的体色和独特的炫耀动作
- 跳舞
- 身体接触
- 独特的声音
- 特殊的信息素
- 筑造坚固且华丽的巢穴
- 喂食
- 决斗

社群行为
- 地位不同
- 分工和职责不同
- 合作

领域行为
- 占领地盘的方式
- 领域的类型
- 保卫地盘的方法

共生行为
- 相互依赖、互惠互利
- 代表动物：海葵与小丑鱼等

通信行为
- 听觉通信
- 视觉通信
- 触觉通信
- 化学通信
- 制造震动
- 发出电信号

01 什么是动物

在我们的周围,生活着各种各样的动物:地上跑的野兽、天上飞的鸟、水里游的鱼、花丛中的各种小虫子……

虽然它们体形各异,大小不一,生活环境各不相同,但它们都有一个共同的名字。

为什么说它们是动物呢?也许你会说,因为它们和植物比起来,都能运动。其实,动物与植物有一个根本的区别,就是植物能通过光合作用制造有机物,而动物却必须靠进食来获得营养,否则就无法维持生存和繁衍。

02 动物的进化历程

目前，地球上生活着约 150 万种动物，但它们可不是同时出现在地球上的哦，而是随着自然环境的变化，经历漫长的时间，逐渐进化而来的。下面我们就通过这棵动物进化树来了解一下动物的进化历程。

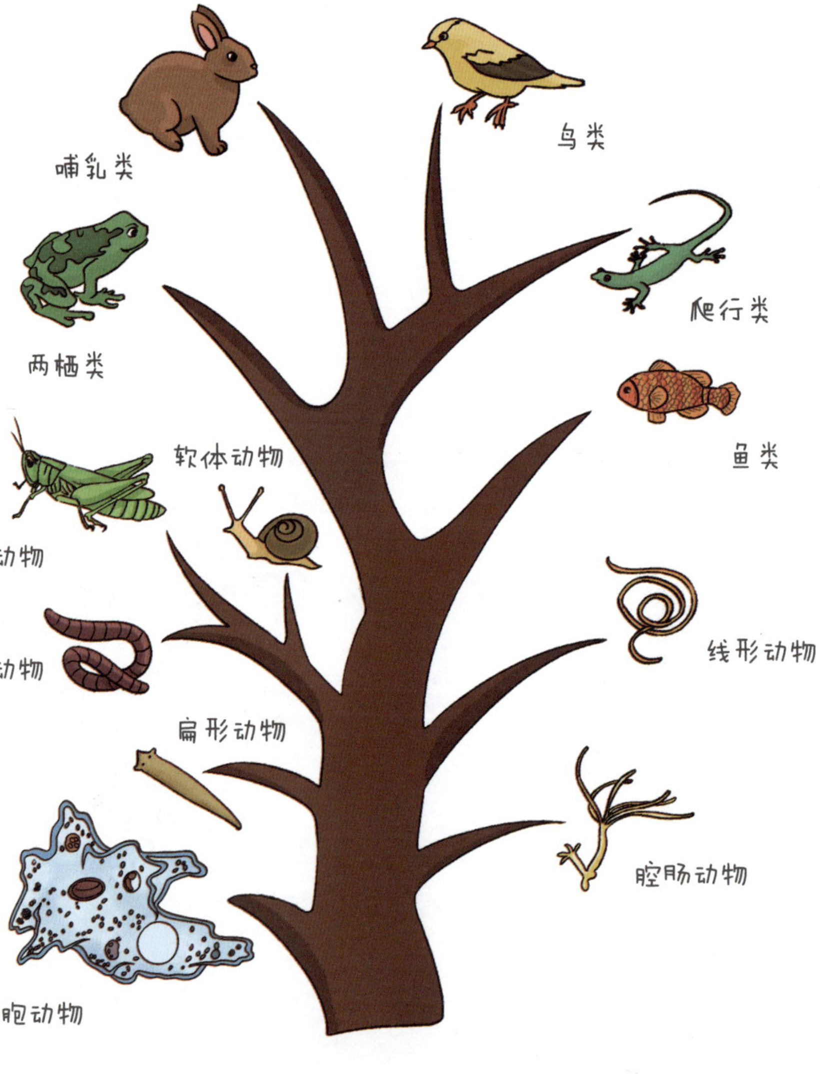

哺乳类
鸟类
两栖类
爬行类
节肢动物
软体动物
鱼类
环节动物
线形动物
扁形动物
腔肠动物
单细胞动物

动物的共同祖先是生活在海洋中的原始单细胞动物，经过漫长的时间，由简单到复杂，由低等到高等，由水生到陆生，逐渐演化为种类繁多的多细胞动物。

当然，在漫长的进化过程中，不光有新的动物种类产生，也有一些动物种类灭绝了。这是为什么呢？其实这是遗传、变异和自然选择的结果，比如长颈鹿的长脖子就是这样进化来的。

古代的长颈鹿，有的脖子长一些，有的脖子短一些。

缺乏食物的时候，颈长的长颈鹿可以吃到高处的树叶，得以存活并繁衍，因此颈长的特征越来越显著。

颈短的长颈鹿吃不到足够的树叶就会被饿死，留下来的后代越来越少，直至灭绝。

像长颈鹿这样，自然界中的动物要经历激烈的生存斗争，适应者生存，不适应者被淘汰，这就是自然选择。

自然选择在不断地进行，新的物种也就不断地形成，因此才有了如今地球上多种多样的动物种类。但不论哪种动物，生活在哪种环境下，它们都在以独特的生活方式适应着大自然，维持着种族的延续，使动物世界充满生机和活力。

【小知识】人工选择

人工选择是根据人们的需要和喜好，利用自然发生或诱发的变异，进行定向选择和培育生物新类型的过程，如各种各样的金鱼就是经过一代又一代的人工定向选择的结果。

03 腔肠动物：身体像管子

根据身体里有没有脊椎，动物大致可分为无脊椎动物和脊椎动物。腔肠动物就是最低等的无脊椎动物，它们身体结构比较简单，其中大多数种类生活在海洋中，如海葵、海蜇、珊瑚虫等。

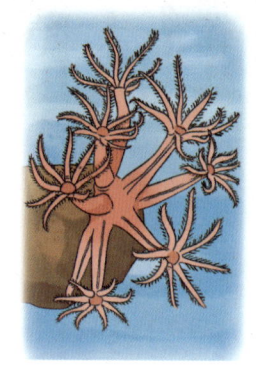

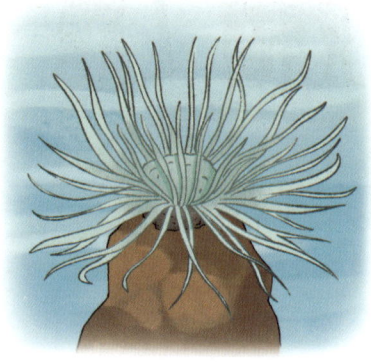

海蜇：伞形结构，伞部称为"蜇皮"，伞下有口腕，又称为"蜇头"。

珊瑚虫：喜欢挤在一起生活，形成美丽的珊瑚。

海葵：常固着在礁石、岩石甚至螺壳上，触手舒展时就像一朵葵花。

少数种类生活在淡水中，如水螅。

水螅：身体呈圆筒形，几乎透明，长约1厘米，以小型水蚤、蠕虫为食。

腔肠动物虽然形态各异，但它们的身体结构是相似的。下面我们就以水螅为例，来了解一下腔肠动物的基本特征。

从整体上看，水螅的身体呈辐射对称，这种体形便于水螅感知周围环境中来自各个方向的刺激，以便从各个方向捕获猎物、进行防御。

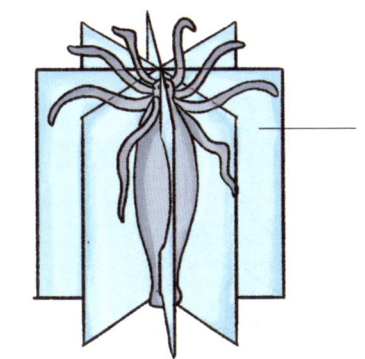

经过身体纵轴的任何切面都能把水螅的身体分为对称的两部分。

再来观察一下水螅的纵切面，它的身体由内外两层细胞构成，有口，无肛门。

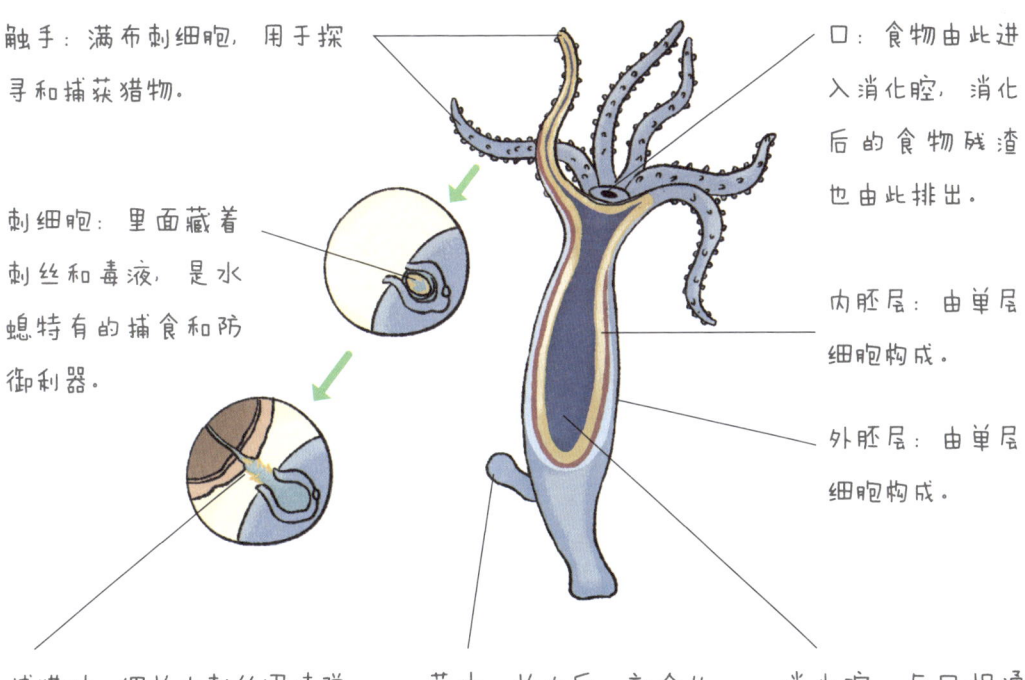

触手：满布刺细胞，用于探寻和捕获猎物。

刺细胞：里面藏着刺丝和毒液，是水螅特有的捕食和防御利器。

口：食物由此进入消化腔，消化后的食物残渣也由此排出。

内胚层：由单层细胞构成。

外胚层：由单层细胞构成。

捕猎时，细长的刺丝迅速弹出，刺入猎物体内，并注入毒液，将其麻醉或杀死。

芽体：长大后，就会从母体上脱落下来，独立生活。

消化腔：与口相通，就像人的肠道一样，可以消化食物。

腔肠动物虽属于低等动物，但与人类生活却有着密切关系，比如海蜇经加工后可以食用；柳珊瑚等可以入药；珊瑚礁可为海洋鱼类提供重要的栖息场所和庇护地，还可以形成岛屿、加固海岸等。

04 扁形动物：身体两侧对称

扁形动物是由腔肠动物进化而来的，也没有脊椎，属于无脊椎动物，最具代表性的扁形动物是涡虫，它生活在清澈溪流中的石块下面，以蠕虫、小甲壳类动物及昆虫的幼虫等为食。

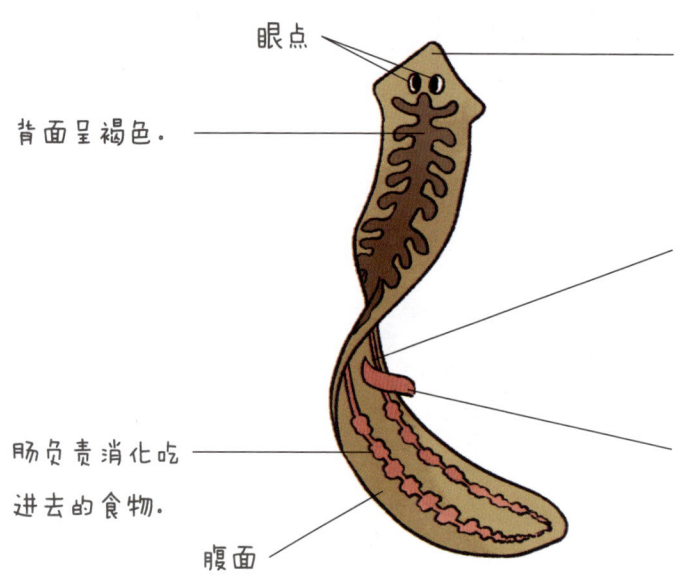

- 眼点
- 背面呈褐色。
- 肠负责消化吃进去的食物。
- 腹面
- 涡虫前端呈三角形，背面有两个可以感光的黑色眼点，能最先感知外界刺激。
- 口长在腹面，食物由此进入肠内。由于有口无肛门，消化后的食物残渣仍从口排出。
- 咽长在口内，呈管状，后面连接着肠；咽可以伸出口外，捕食水中的小动物。

涡虫的身体结构

发现了吗？涡虫的身体是扁平的，形状像柳叶，所以才叫扁形动物。而且，它扁平的身体还是呈两侧对称的，有前、后、左、右、背、腹之分，感觉器官集中在前端（头部）。这样的体形，可以使感觉和运动能力都得到增强，行动更加准确、迅速而有效，对捕食和防御都非常有利。

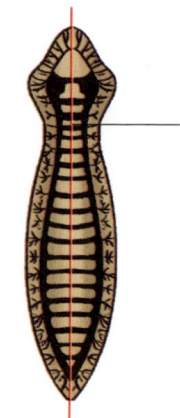

经过身体的纵轴，只有一个切面将身体分为对称的两部分。

不过，扁形动物中像涡虫这样自由生活的种类很少，大多数扁形动物都是寄生在人和动物体内，自己没有消化器官，靠获取寄主体内的养料生活，比如猪肉绦虫、华支睾吸虫、血吸虫等。

猪肉绦虫的幼虫多寄生在猪肉中，为黄豆大小的白色半透明囊状物，含有猪肉绦虫的猪肉俗称"米猪肉"或"豆猪肉"。

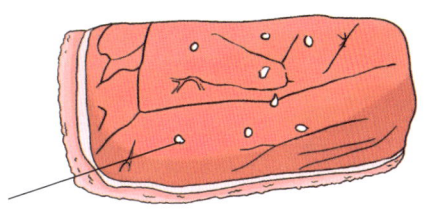

猪肉绦虫的幼虫

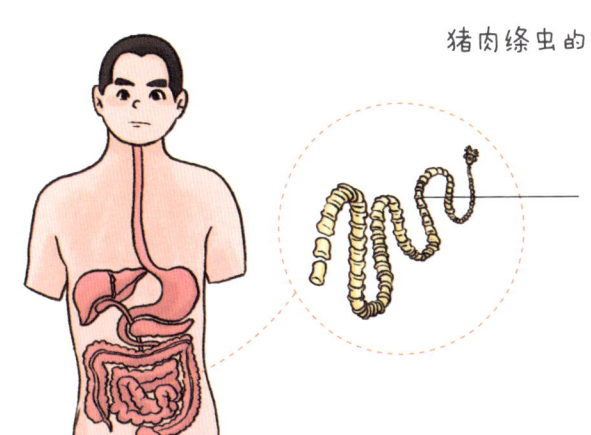

人吃了未煮熟的米猪肉，猪肉绦虫的幼虫便会进入人体，吸收肠道中的营养，进而发育为成虫，人就会逐渐出现营养不良、腹痛、腹泻、消瘦等症状。

华支睾吸虫，又名肝吸虫，幼虫寄生在淡水动物中，成虫则寄居在人或哺乳动物的肝胆管内，能使寄主出现消化不良、腹痛、腹泻、肝区隐痛等症状。

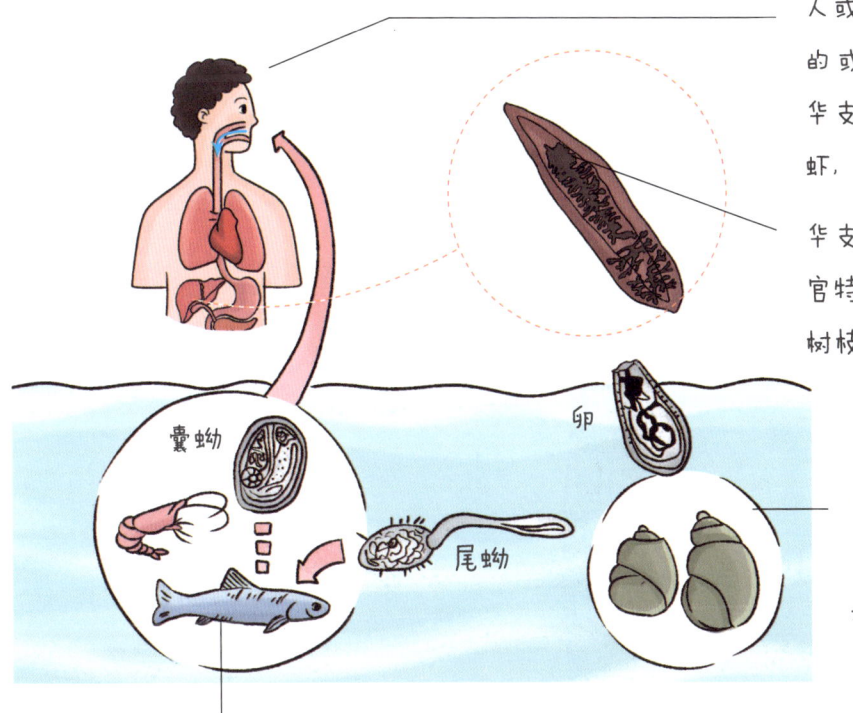

人或动物若食用了生的或未煮熟的含有华支睾吸虫幼虫的鱼虾，就会被感染。

华支睾吸虫的生殖器官特别发达，精巢呈树枝状，繁殖能力强。

华支睾吸虫先寄生在纹沼螺等淡水螺中。

进一步感染草鱼、鲫鱼等淡水鱼以及虾类。

05 线形动物：身体细长如线

扁形动物继续进化，就出现了线形动物，比如：

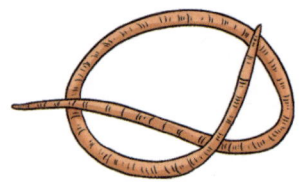

蛔虫：乳白色，身体呈长圆柱形，两端逐渐变细，寄生在人的小肠里。

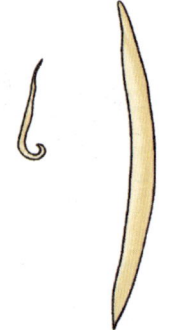

蛲虫：白色，长约2厘米，寄居在儿童的大肠内。

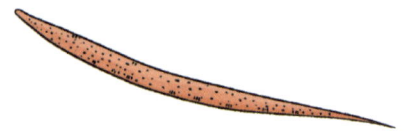

钩虫：半透明，肉红色，长约1厘米，寄生于人体的十二指肠及小肠里。

丝虫：乳白色，体长4~10厘米，寄生在人或脊椎动物的淋巴系统、皮下组织、腹腔、胸腔等处。

这些动物的体形细长如线，呈圆柱形，两端逐渐变细，因此得名"线形动物"。它们寄生在人体、动物和植物的各种器官内，直接危害寄主健康。我们就以蛔虫为例观察一下线形动物的内部结构。

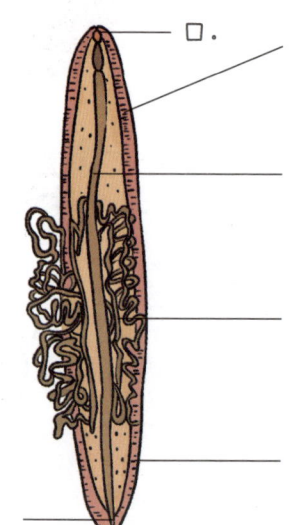

- 口
- 肛门

- 体表有横纹，包裹着一层半透明的角质层，能抵抗人体各种消化液的侵蚀。
- 肠仅由一层细胞组成，可消化小肠中的食糜。
- 生殖器官发达，生殖能力强，每天可产卵20万粒。
- 蛔虫没有独立的运动器官，只能靠身体的弯曲和伸展缓慢地蠕动。

看到了吧？蛔虫前端有口，后端有肛门，这样就使消化功能有了分工，更有利于营养的吸收和食物残渣的排出，所以它的适应能力和繁殖能力更强。蛔虫产生的虫卵随粪便离开人体后，感染性也很强。

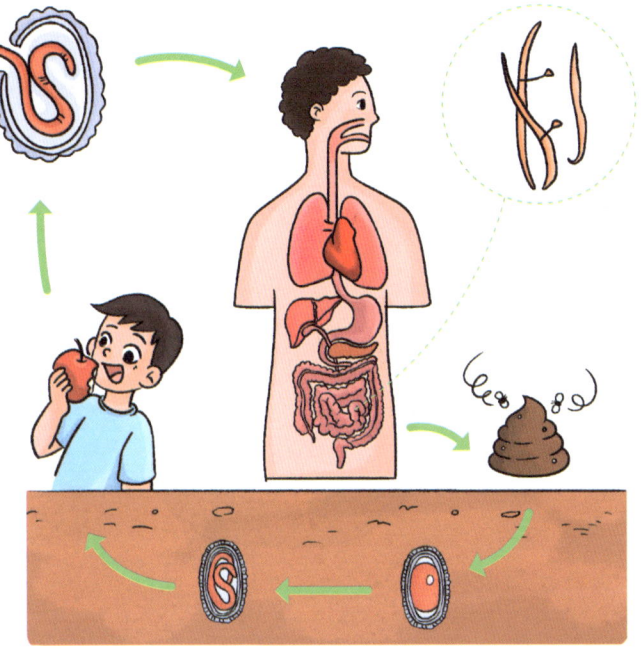

蛔虫寄生在人体小肠中，发育为成虫。

雌雄蛔虫在人的小肠中交配产卵。

虫卵随人的粪便排出体外。

人喝了带有虫卵的生水，吃了沾有虫卵的生的食物，或者吃了用沾有虫卵的手拿的食物，都可能感染蛔虫。

虫卵在土壤中发育，污染水源，或附着在水果、蔬菜上，危害人类健康。

因此，预防蛔虫病，首先必须注意个人和饮食卫生。勤剪指甲，以防蛔虫卵藏在指甲缝隙内。不随地大小便，饭前、便后要洗手。不喝不清洁的生水，蔬菜、水果要洗干净。

【小知识】如何辨别雌蛔虫和雄蛔虫

蛔虫是雌雄异体的，雌虫粗长，20~35厘米，尾端尖直；雄虫比雌虫细小，长15~25厘米，尾部常向腹面卷曲。

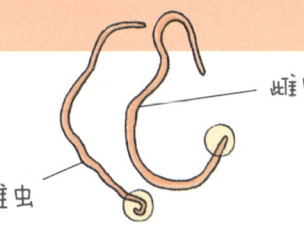

06 环节动物：身体细长有节

雨后，我们到小区、公园或田野里游玩，有时会发现许多蚯蚓在地面上慢慢地爬行。蚯蚓的身体也是细长的，和蛔虫有点儿像，但是它却不是线形动物，而是环节动物。

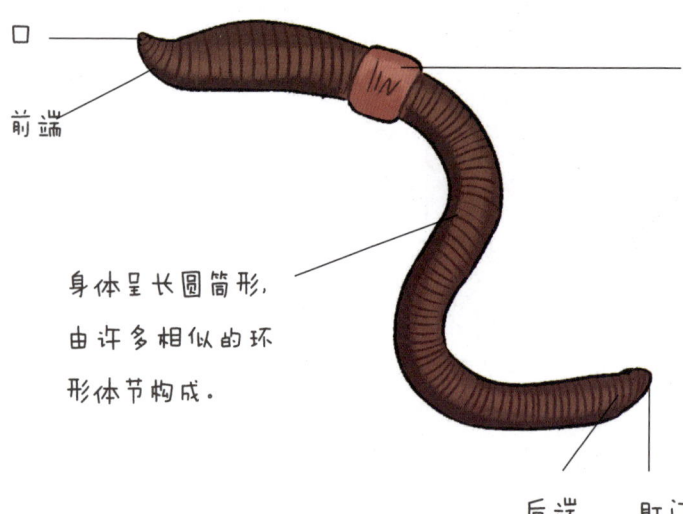

口
前端
身体呈长圆筒形，由许多相似的环形体节构成。
靠近前端的几节，颜色较浅、表面光滑，比其他体节厚，如同在蚯蚓的身体上戴了一个环，叫作环带，它与生殖有关，因此也称生殖带。
后端　肛门

身体分节可以使蚯蚓的躯体运动灵活、自如、转向方便，我们一起来看一下蚯蚓横切面的结构，你就知道蚯蚓是如何运动的了。

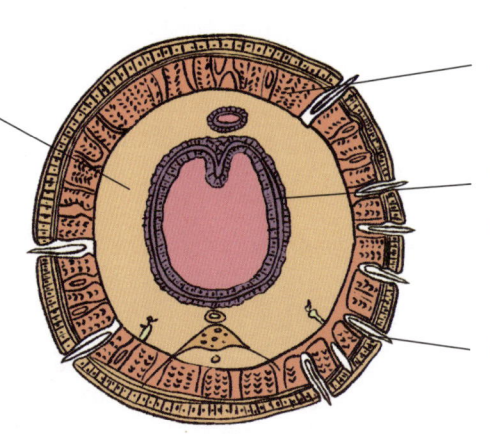

体壁和肠壁之间有众多的排泄器官、血管和神经系统等。

体壁：由发达的肌肉构成。

肠壁：也有发达的肌肉，肠可以蠕动。

刚毛：蚯蚓大部分体节都生有刚毛，可协助运动。

用手指沿着蚯蚓的腹面轻轻来回触摸，会有粗糙不平的感觉，这就是刚毛。蚯蚓就是靠体壁上肌肉的收缩和舒张来配合刚毛进行移动，并在土壤中钻来钻去的。

蚯蚓能疏松土壤，提高土壤肥力。

蚯蚓的身体富含蛋白质，可以入药，也可以当作饲料饲养家禽，或用作垂钓饵料，还可以加工成富含蛋白质的食品。

【小知识】蚯蚓为什么在雨后钻出地面

蚯蚓生活在阴暗潮湿的土壤中，没有呼吸系统，靠湿润的体壁进行呼吸。下雨天，土壤中水分增加，把土壤缝隙中的氧气排挤出来，氧气减少，蚯蚓在土壤中无法呼吸，所以纷纷钻出地面。

除了蚯蚓，比较有名的环节动物还有沙蚕、水蛭等，它们的身体结构与蚯蚓相似。

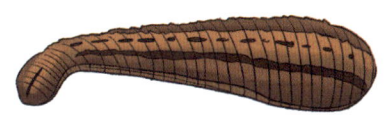

水蛭：生活在水中或潮湿的丛林中，以吸食动物血液为生。

沙蚕：生活在海洋中，是鱼、虾、蟹的食物。

07 软体动物：身体软，外壳硬

大雨过后，不仅会在地面上看到蚯蚓，在路面、草丛、树叶间还会看到很多的小蜗牛也出来透气了。

它们背着像"小房子"似的壳，壳内的身体非常柔软，这就是软体动物的典型特征。软体动物是一个庞大的家族，成员约有10万种，是动物界的第二大家族。但它们外壳的数量是不一样的，下面我们就来认识几种不同类型外壳的软体动物。

单壳类：如蜗牛、鲍鱼、螺等，都只有一个壳，现在就以蜗牛为例认识一下它的身体结构。

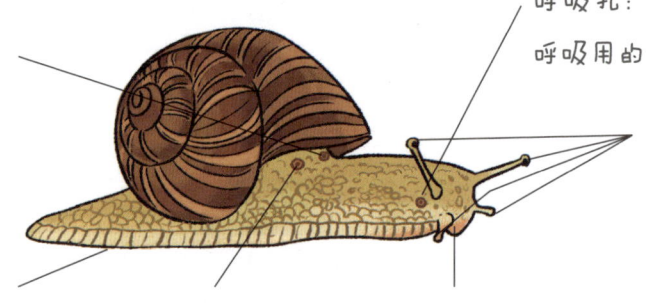

生殖孔：蜗牛进行交配、产卵的地方。

腹足：宽大，肌肉发达，是蜗牛的运动器官。

肛门：蜗牛消化后的食物残渣由此排出。

口：在头部的腹面，内有齿舌。

呼吸孔：就像是蜗牛呼吸用的"鼻子"。

触角：2对，大的一对顶端有眼；有触觉、嗅觉、视觉功能。

双壳类：如河蚌、扇贝、文蛤等，都有两个对称的壳，现在就以河蚌为例认识一下它的身体结构。

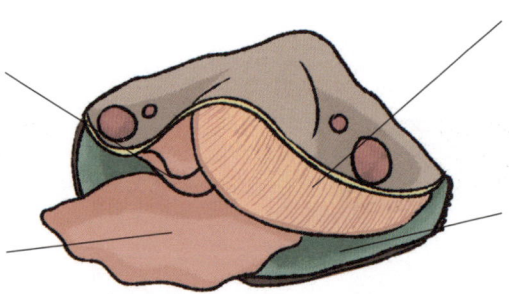

口：两侧各有一对三角形唇片，有感觉和摄食功能。

斧足：肌肉发达，可以伸缩，拉动身体缓慢移动。

鳃：河蚌的呼吸器官，布满毛细血管，与水流进行气体交换。

外套膜：包裹在河蚌身体表面的一层半透明肉质膜，分泌的物质形成贝壳。

多壳类：如石鳖，背面有8个壳，现在就来看看它的身体结构。

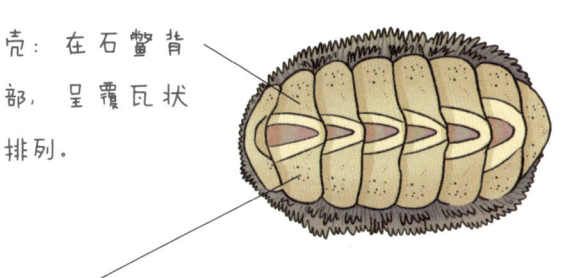
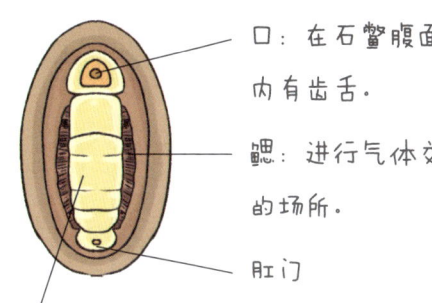

壳：在石鳖背部，呈覆瓦状排列。

这些灰色圆珠就是石鳖的眼睛，由坚硬的矿物质构成。

口：在石鳖腹面，内有齿舌。

鳃：进行气体交换的场所。

肛门

足：大而扁平，可用来在岩石表面缓慢爬行或吸附在岩石上。

无壳类：如乌贼、章鱼、鱿鱼等，外壳退化到身体内部，被外套膜包裹，现在就以乌贼为例认识一下它的身体结构。

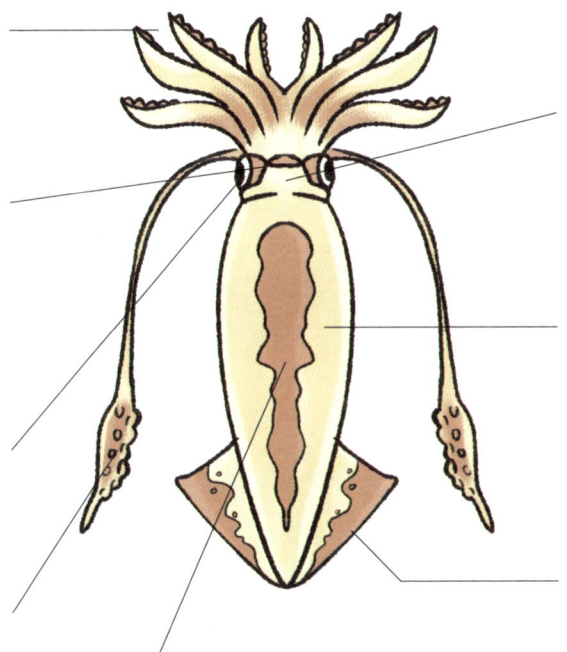

短腕：由足特化而来，8条，内侧有吸盘。

漏斗：通过喷水辅助运动，墨汁也是从这里喷射出来的。

眼：位于头部两侧，构造复杂，非常发达。

触腕：两条，细长，活动自如，用于捕食和战斗。

头部：头顶长有口，口腔内有角质颚，能撕咬食物。

外套膜：像个袋子，扁平柔软，非常适合在海底生存。

鳍：位于身体两侧，可使乌贼在游泳时保持平衡。

乌贼退化后的壳就藏在皮肤下的壳囊内。

虽然软体动物的形态、生活习性差别很大，但无一例外都有柔软的身体，且大部分都有壳，运动器官是足。它们与人类的关系也非常密切，不仅能给人类提供优质蛋白质，有些还可入药或做装饰品。

08 节肢动物：分节，外披骨骼

说起节肢动物，你可能觉得很陌生，事实上，你经常能见到它们。

蜜蜂　　蜘蛛　　瓢虫　　蝉　　螃蟹

蜻蜓　　蟋蟀　　蚊子　　苍蝇

看看这些动物有什么共同之处？对，它们的身体和腿都是一节一节的，外面还披着像铠甲一样的外骨骼，因此它们都属于同一类动物——节肢动物。节肢动物门是动物界的第一大门，主要可以分为四大类：

昆虫类：在节肢动物中种类最多，有100余万种，代表动物有蝗虫、蝴蝶、蚂蚁、蟑螂、蜜蜂、蜻蜓、苍蝇、蚊子等。我们以蝗虫为例看一下昆虫类节肢动物的身体结构。

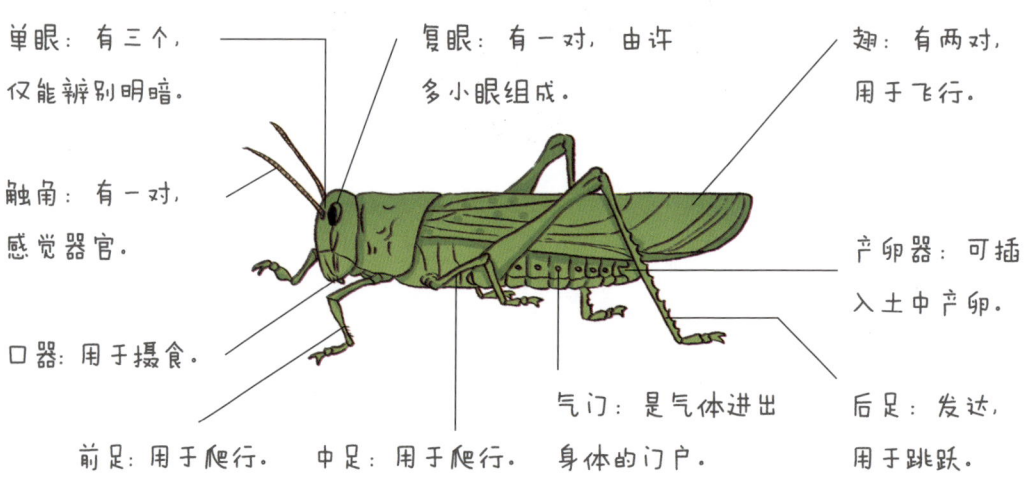

单眼：有三个，仅能辨别明暗。

复眼：有一对，由许多小眼组成。

翅：有两对，用于飞行。

触角：有一对，感觉器官。

产卵器：可插入土中产卵。

口器：用于摄食。

气门：是气体进出身体的门户。

后足：发达，用于跳跃。

前足：用于爬行。　中足：用于爬行。

昆虫的身体通常分成头、胸、腹三部分，一般都有一对触角、两对翅（有的无翅）、三对足。另外，昆虫的身体表面有一层比较硬的外骨骼，像盔甲一样，能保护、支撑身体。但是，外骨骼不能随着昆虫的身体一起生长，所以，当昆虫生长到一定程度时，就会蜕皮，即蜕掉原有的外骨骼，重新形成新的外骨骼。

蝗虫的成虫交尾后，会将产生的受精卵排入地下。

幼虫通过一次次地蜕皮，身体逐渐长大。

幼虫蜕皮5次后，发育成有翅能飞的成虫。

 蝗虫的发育要经过卵、若虫、成虫三个时期，像这样的变态发育过程，称为不完全变态，蝉、蜻蜓、蟋蟀、螳螂等昆虫的发育也属于此类。

但并不是所有昆虫的发育过程都和蝗虫一样，比如蚊、蝇、蝶、蛾、蜂、甲虫等昆虫的发育要经过卵、幼虫、蛹、成虫四个时期，这样的变态发育过程称为完全变态。

蛹成熟后，破茧而出就变成了蝴蝶。

蝴蝶成虫交配后产卵。

幼虫成熟后变成了蛹。

卵孵化出的幼虫，经过5~7次的蜕皮，逐渐长大。

蛛形类：是节肢动物中的第二大类，绝大部分生活在陆地上，主要包括蜘蛛、蝎子、蜱和螨等，身体分为头胸部和腹部两部分，具有有毒的螯肢。我们以蜘蛛为例看一下蛛形类节肢动物的身体结构。

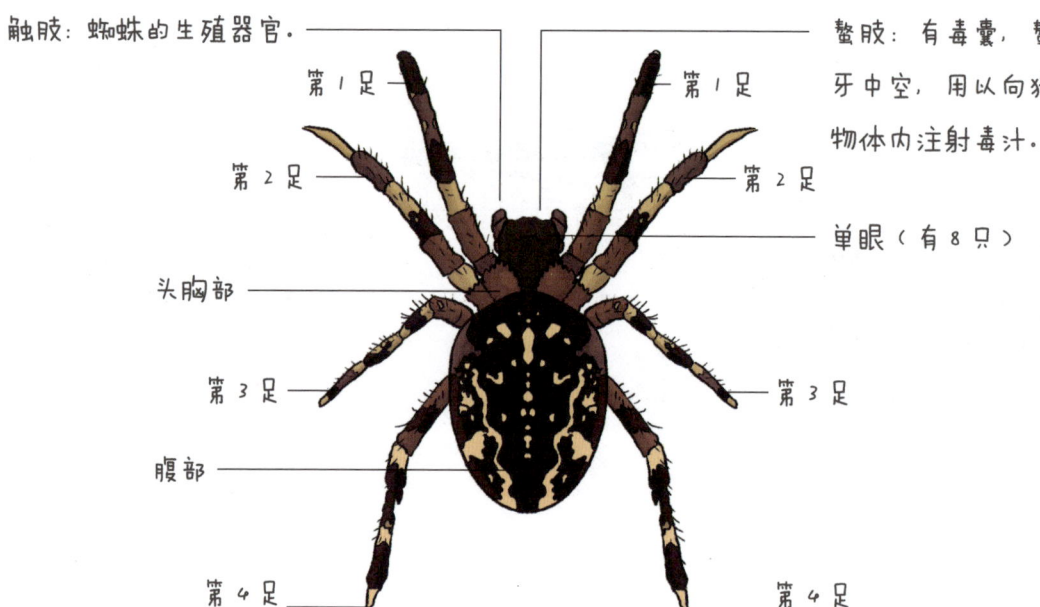

甲壳类：因身体外披有"盔甲"而得名，大多数生活在海洋里，如虾、蟹等，身体分为头胸部和腹部两部分，有两对触角，用鳃呼吸。我们以虾为例看一下甲壳类节肢动物的身体结构。

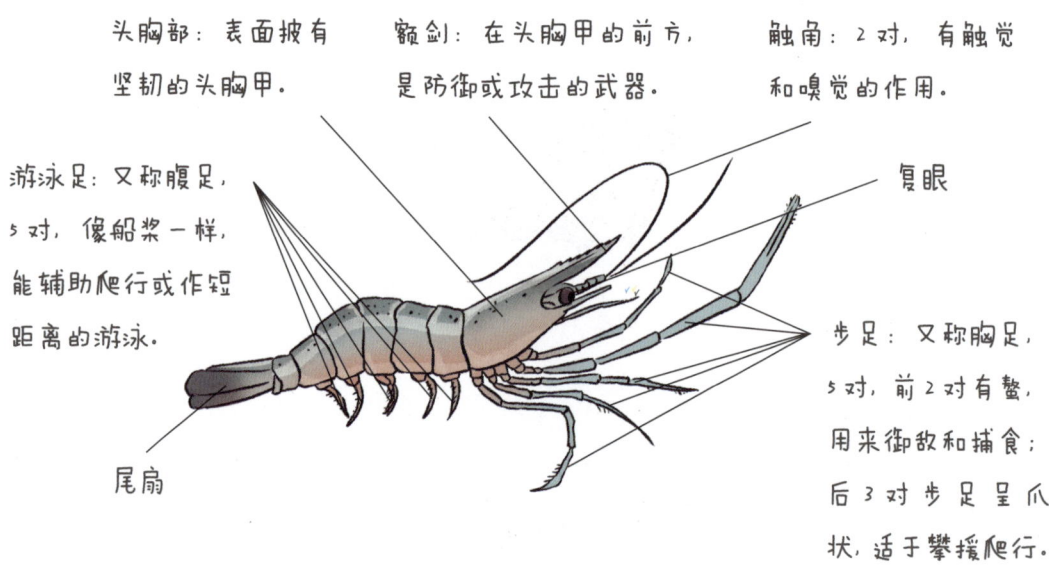

多足类：身体长，有许多环节，每个环节有一对或两对足，头部有一对触角，喜欢潮湿的地方，以腐败的植物为主食，如蜈蚣、蚰蜒、马陆等。我们以蜈蚣为例看一下多足类节肢动物的身体结构。

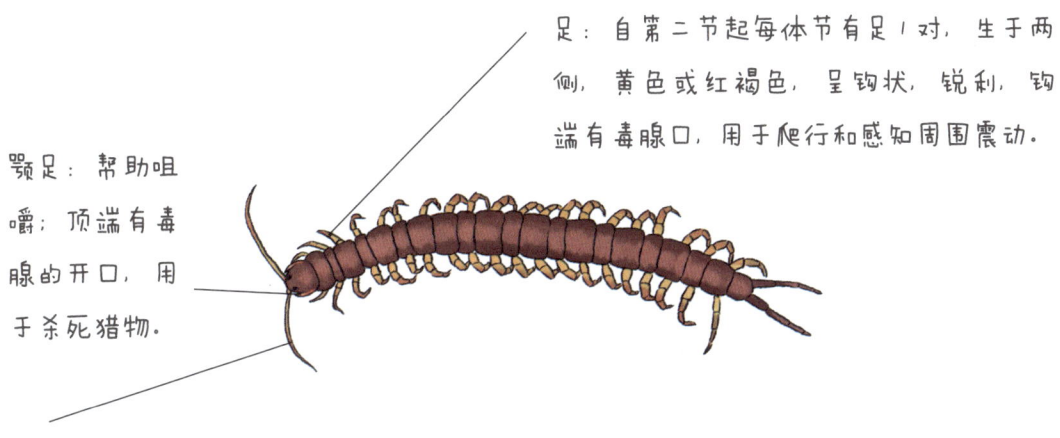

足：自第二节起每体节有足1对，生于两侧，黄色或红褐色，呈钩状，锐利，钩端有毒腺口，用于爬行和感知周围震动。

颚足：帮助咀嚼；顶端有毒腺的开口，用于杀死猎物。

触角：1对，不停地上下左右运动，以感知周围的气味变化，既可以发现猎物，又可以及时发现敌害。

节肢动物具有坚韧的外骨骼和分节的足，使运动能力更强大，能较好地适应各种环境，因此它们能广泛地分布在地球上，是目前动物界最大的家族，与人类的关系也非常密切。

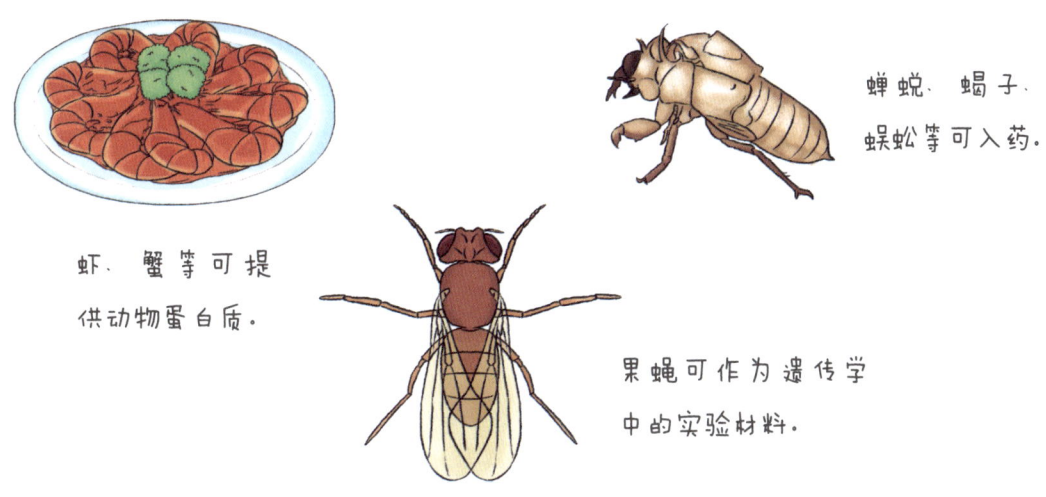

虾、蟹等可提供动物蛋白质。

蝉蜕、蝎子、蜈蚣等可入药。

果蝇可作为遗传学中的实验材料。

但是，有不少节肢动物也给人类带来诸多困扰，如蚊子、蟀虫、螨虫等会叮咬人，并传播疾病。

09 鱼：水中的脊椎动物

节肢动物的骨骼在体表，经过了漫长的时间，骨骼进入了动物的体内，成为内骨骼，于是脊椎动物出现了。原始的鱼类很可能是地球上最早出现的脊椎动物。看，这就是鱼的骨骼。

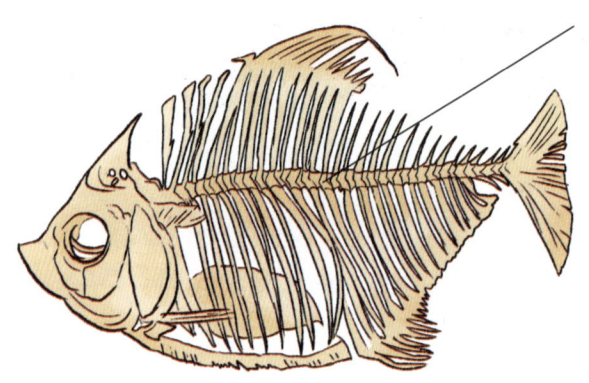

由脊椎骨组成的脊柱。

鱼是脊椎动物中种类最多的一个家族，占脊椎动物种类的 50% 以上。鱼一生都生活在水中，其中，有些生活在江、河、湖泊、池塘等淡水中，称为淡水鱼。

鳙鱼：又名花鲢，生活在水体的中上层，以水蚤等浮游动物为食。

草鱼：生活在水体的中层，以水草为食，排出的粪便可以成为水中的肥料，有利于浮游生物的繁殖。

鲢鱼：又称白鲢，生活在水体的上层，以硅藻、绿藻等为食。

青鱼：生活在水体的中下层，主要以螺、蚌等软体动物为食。

鲤鱼、鲫鱼：生活在水体的底层，以青鱼、草鱼吃剩下的饵料残渣为食。

有些鱼生活在海洋中，称为海水鱼，比如带鱼、鲳鱼、鲅鱼、鳕鱼、鲑鱼、黄鱼等，都是常见的海水鱼，味道鲜美，可以为人类提供丰富的营养。

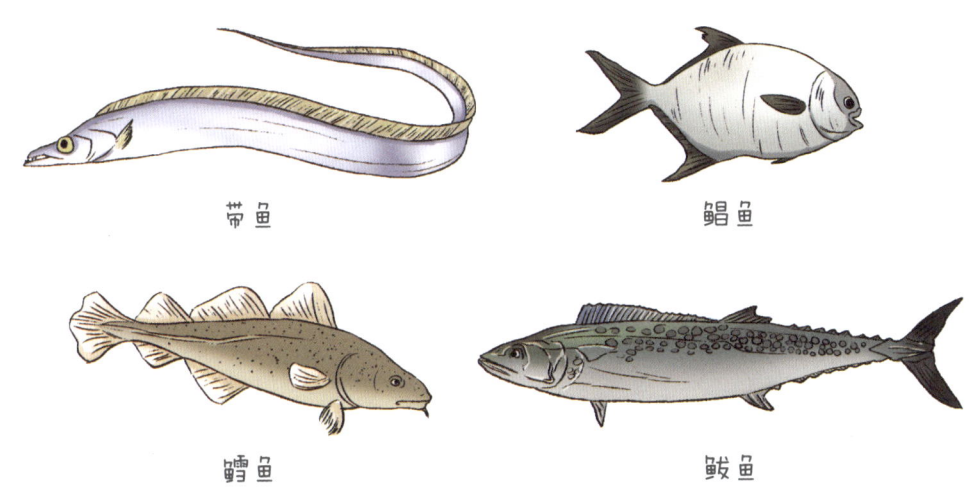

看过了这么多的鱼，你有没有想过，为什么鱼能在水中生活呢？这是因为鱼类有两个重要特点：一是能靠游泳来获取食物和防御敌害；二是能在水中呼吸。我们就通过鲫鱼的身体结构来详细了解一下。

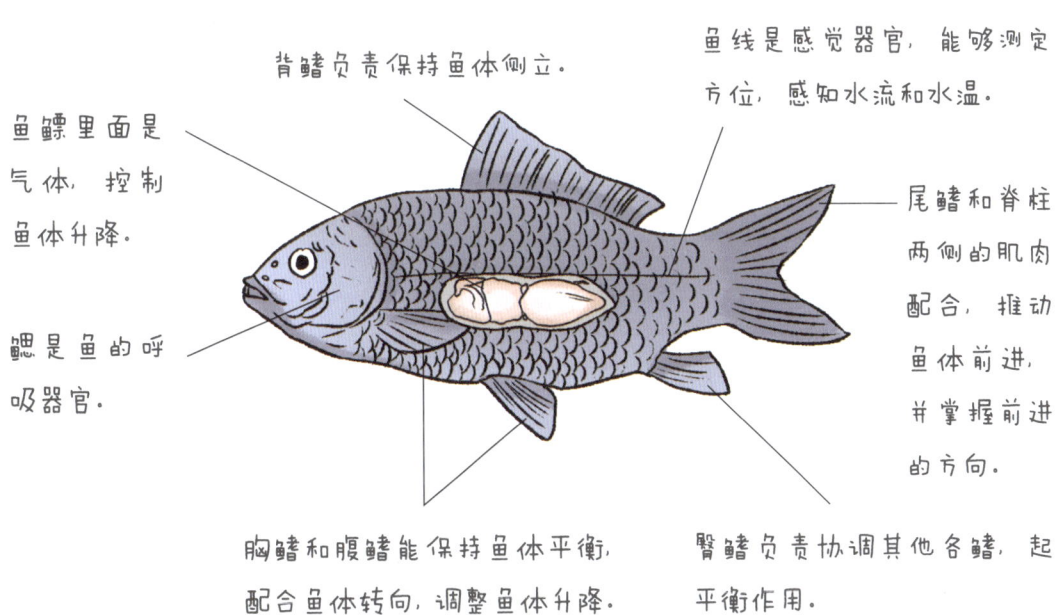

所以，鱼是靠尾部和躯干部分的左右摆动提供前进动力的，靠鳍的协调作用来完成游泳的，再加上会呼吸的鳃，就能让鱼儿在水中自由自在地游来游去了。

10 两栖动物：水里陆地都是家

有些动物幼年时期生活在水中，成年后却能在陆地上生活，这就是两栖动物。两栖动物是动物进化中从水生向陆生过渡的类群，最典型的代表就是青蛙。

尾、鳃消失，长成了幼蛙，形成了可在陆地上呼吸的肺，开始了陆地生活。

成年后的青蛙主要在陆地上生活，但也时常到水中潜伏、畅游。

蛙卵在水中形成受精卵。

刚孵化出的蝌蚪有尾，用鳃呼吸。

长出前肢。

长出后肢。

发育完成的青蛙是如何适应水里和陆地上的生活环境的呢？我们可以通过青蛙的身体结构一探究竟。

有用于呼吸的鼻孔。

眼睛能看到移动的物体。

眼睛后方的鼓膜能感知声波。

前肢短小，足有四趾，可支撑身体。

背部皮肤呈黄绿色，腹部呈白色，属于保护色。

后肢强大，肌肉很发达，利于跳跃。

后足宽，五趾很长，趾间有蹼，利于游泳。

正是因为这些身体特点，青蛙既能在水中活动，也能在陆地上生活。不过，青蛙的肺不够发达，呼吸功能不强，需要皮肤来辅助呼吸。青蛙的皮肤裸露，没有覆盖物，且能分泌黏液，湿润的皮肤里密布毛细血管，也能进行气体交换。

【小知识】

在水中的时候，青蛙是无法用肺呼吸的，只能靠皮肤呼吸，但皮肤的呼吸能力有限，不能满足它对氧气的需求，所以青蛙不能长时间停留在水中，要时不时地出来透口气，否则就会窒息而亡。

除了青蛙，其他常见的两栖动物还有：

蟾蜍：俗称"癞蛤蟆"，眼睛后方有一对很大的毒腺，能分泌毒液，毒液能制成中药蟾酥。

大鲵：又称"娃娃鱼"，体形大且身体扁平，终生有尾，是现存最大的两栖动物，已列为国家二级保护动物。

蝾螈：身体呈圆筒形，尾巴长而侧扁，身体颜色异常鲜明。

11 爬行动物：在陆地上爬着走

石炭纪末期（距今约2.9亿年前），某些原始的两栖类动物继续进化，爬行动物出现了。它们的身体可分为头、颈、躯干、四肢和尾五部分，只靠肺呼吸就能满足身体在陆地上对氧气的需求，是真正适应陆地环境的脊椎动物，比较有代表性的爬行动物是鳄鱼。

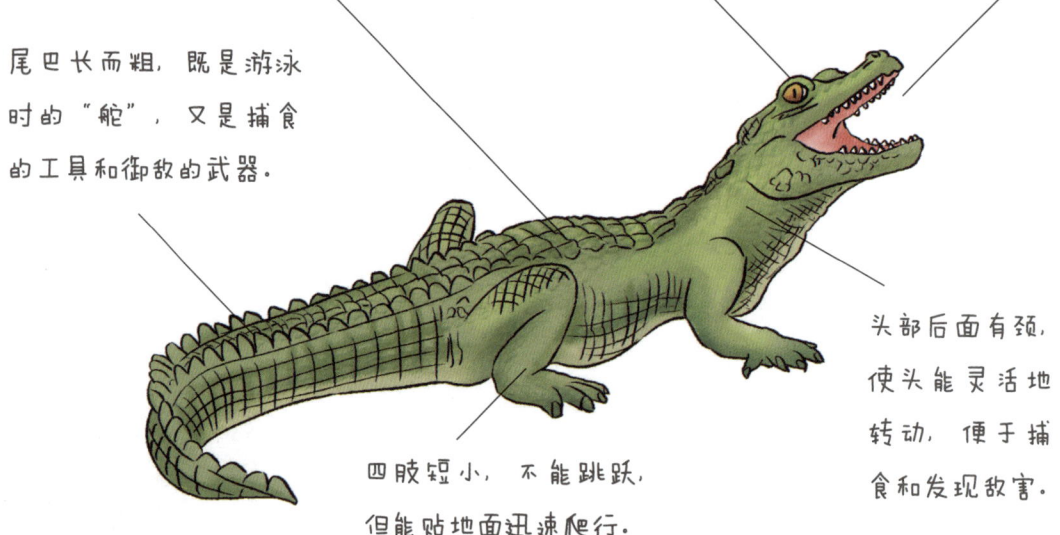

身体外长着厚厚的甲或鳞片，既能保护自己，又能减少体内水分的蒸发，使它们更适于在陆地生活。

两只眼睛长在头部的上端，方便观察周围的环境。

口腔顶壁上有一块骨质的腭，牙齿长在上下颌的齿槽内。

尾巴长而粗，既是游泳时的"舵"，又是捕食的工具和御敌的武器。

头部后面有颈，使头能灵活地转动，便于捕食和发现敌害。

四肢短小，不能跳跃，但能贴地面迅速爬行。

它们在陆地上产卵，卵的里面有养料并含有一定的水分，卵的外面有坚韧的卵壳保护，这样的结构可使卵在陆地环境中发育成幼体。

可见，爬行动物的生殖和发育都摆脱了对水的依赖。只不过它们的体温会随着环境温度的变化而变化，不能自己调节，仍属于变温动物。

当周围环境温度高时,它们会"发热",需要避暑。

如果周围环境温度低,它们的身体会变冷,就要去暖和的地方取暖,如晒太阳或冬眠。

爬行动物的身体结构和生活习性真正适应了陆地的生活,逐渐繁盛起来,最有名的爬行动物当属恐龙了。科学研究表明,在距今2亿年前的中生代,地球上的各类恐龙非常繁盛,主宰着那时的陆地、海洋和天空,因而,人们称那个时代为"爬行动物时代"或"恐龙时代"。

恐龙是当时地球上占据绝对统治地位的动物

以恐龙为代表的爬行动物统治了地球1亿多年，后来，随着环境发生变化，这些庞然大物大多数都灭绝了，侥幸存活下来并延续到现在的爬行动物只有鳄类、龟鳖类、蜥蜴类、蛇类和少量的喙头类。

鳄类：体大，笨重，看上去像巨蜥，肉食性动物，水陆两栖。现存的鳄类有23种，包括短吻鳄、长吻鳄和宽吻鳄等。

短吻鳄　　长吻鳄

宽吻鳄

【小知识】扬子鳄——我国特有的珍稀爬行动物

扬子鳄主要分布在长江下游沿岸地区，以田螺、鱼、蛙等为食。现存的数量非常稀少，为国家一级保护动物，国家还成立了安徽扬子鳄国家级自然保护区。在扬子鳄繁殖研究中心，人工繁育扬子鳄取得了成功。

龟鳖类：现存最古老的爬行动物，大多数为肉食性，身上长有非常坚固的甲壳，受袭击时头、尾、四肢都可以缩回壳内。

陆龟　　玳瑁　　中华鳖

蜥蜴类：身体多扁平，舌发达，一些种类蜥蜴的尾遇敌害时常会自断，可再生；大多分布于热带和亚热带地区，以昆虫或其他节肢动物、蠕虫等为食。

蜥蜴　　　　　壁虎　　　　　避役（俗称"变色龙"）

蛇类：身体细长，头部形状各异，舌细长分叉，有些种类有毒牙，带剧毒；周身披鳞，会蜕皮；无四肢，利用腹部与地面产生摩擦，以"S"形的方式向前推进。生活的环境多种多样，属于变温动物，需要冬眠。

眼镜王蛇　　　　　银环蛇　　　　　蟒蛇

喙头蜥

喙头类：外形很像蜥蜴，只是牙齿构造不同，是最原始的现代爬行类，目前仅残存于新西兰北部沿海的少数小岛上，数量稀少，有"爬行类的活化石"之称。

虽然现存的爬行动物种类不多，但它们为人类提供了皮革制品及多种名贵药材。比如鳖的背甲、龟的腹甲均可入药；蜥蜴全身可以入药；蛇皮可以制作箱包、工艺品及某些乐器等；蛇毒、蛇胆和蛇蜕都是中药材。更为重要的是，很多爬行动物是一些有害动物的天敌，比如大多数蛇类能捕鼠，蜥蜴类吃害虫。

12 鸟：天空的主宰

大约在 1 亿年前，原始的爬行动物中的一支演化成原始的鸟类。鸟类善于飞行，体温恒定，可适应各种气候，所以，地球上任何地方都能看到它们的踪迹，是脊椎动物中仅次于鱼类的第二大家族。

鸟类体形多样，身材相差很大。

鸵鸟是世界上最大的鸟，身高可达 2.5 米，体重可达 160 千克。

最小的吸蜜蜂鸟身长约 6 厘米，平均体重约 2 克，比一枚硬币还轻。

为了适应不同的环境，鸟的身体特征也有很大区别，常见的有六大类：

鸣禽：体形小，嘴粗短或细长，叫声婉转动听；脚短而细，便于抓握树枝。如大山雀、八哥、画眉、黄鹂、家燕等。

大山雀

八哥

游禽：即喜欢在水中取食和生活的鸟类，如雁、鸭、天鹅等，它们的嘴大多宽阔而扁平，脚趾间有蹼，虽不善于在陆地上行走，但擅长在水面活动。

鸭

天鹅

攀禽：即经常在树上攀爬的鸟类，它们的脚短而强健，脚趾两个向前、两个向后，利于攀援树木。比如啄木鸟、鹦鹉、翠鸟等。

啄木鸟　　　鹦鹉

陆禽：体格健壮，嘴短钝而坚硬，飞行能力差，但腿脚强壮有力，爪为钩状，很适于在陆地上奔走及挖土寻食，如松鸡、马鸡、孔雀等。

松鸡　　　马鸡

猛禽：性情凶猛、掠食性强的食肉鸟类，如雕、鹫、鹰、隼等。它们羽毛多为暗色，翅膀强大有力；视力、听力发达；嘴巴坚硬，末端有钩，能把猎物撕成碎片；脚粗壮，趾端有锐利钩爪，利于捕杀其他鸟类、鼠、兔、蛇等动物，处于食物链的顶端。

金雕　　　秃鹫

涉禽：在水边生活的鸟类，如鹤、鹳、鹬、鸻等。它们嘴长、颈长、脚长，休息时常一只脚站立，大部分是从水底、污泥中或地面获得食物。

丹顶鹤　　　白鹮鹳

看着鸟在天空中自由自在地展翅飞翔,你是不是也曾经梦想着能拥有一对翅膀,像鸟一样飞行呢?告诉你哦,即使给你装上翅膀你也无法像鸟一样飞行,因为鸟类的飞行并不是看上去那么简单,它需要许多器官的配合才能实现。

首先看鸟的外部形态。

角质喙非常坚硬,可用来啄取食物,没有牙齿。

鸟的视觉发达,有些鸟能在疾飞中捕食。

鸟的身体呈流线型,体表覆盖着光滑的羽毛,可减少飞行中空气的阻力。

前肢变成翼,上面生有几排大型的羽毛,展开呈扇形,利于扇动空气飞翔。

为了减轻体重,鸟类的骨骼既轻薄,又坚固,而且很多骨头都是空心的,里面充满了空气,非常轻盈,鸟骨骼的重量只占体重的5%~6%,便于飞行。

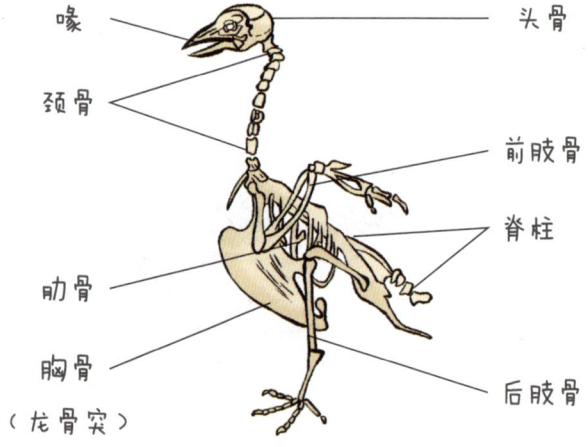

喙　头骨　颈骨　前肢骨　脊柱　肋骨　胸骨（龙骨突）　后肢骨

胸骨形成高大的龙骨突,两侧长有发达的胸肌,约占体重的1/5,可牵动两翼完成飞行动作。

发达的胸肌

除此之外，飞行还需要消耗大量的能量，这就离不开鸟类发达的消化系统和独特的呼吸系统。

鸟类饭量很大，消化吸收能力强，没有储存尿和粪便的器官，且直肠短，飞行时，粪便会随时排出，这样可以减轻体重。

鸟类的消化系统

鸟类的肺非常发达，还有很多独特的气囊来辅助进行双重呼吸，这种独特的呼吸方式可以为身体提供充足的氧气，加快营养物质的转化，以满足鸟类长时间飞行过程中对能量的需求。

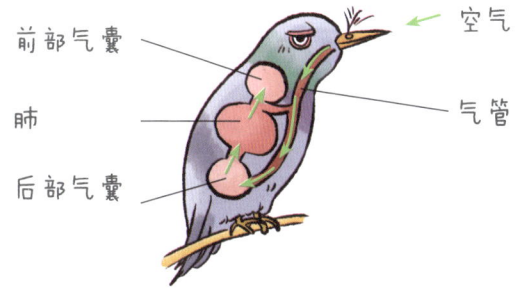

吸气时，一部分氧气进入肺，另一部分氧气进入气囊储存起来。

呼气时，二氧化碳从肺呼出，同时，储存在气囊中的氧气进入肺。

像这样每呼吸一次，空气就两次经过肺，进行两次气体交换的呼吸方式，叫作双重呼吸。

再加上鸟类体温高而恒定，心脏结构完善，收缩有力，心跳频率快，血液循环迅速，运输营养物质和氧气以及废物的效率很高，因此鸟类才能够飞行。

天高任鸟飞。那你知道鸟儿们可以飞多高,又是谁飞得最高吗?

鸟类飞行高度对比图

优秀的飞行能力让很多鸟能通过长途迁徙来适应气候变化,并通过繁殖将这一特征遗传给后代。与爬行动物一样,鸟也通过产卵繁殖后代,只不过,各种鸟的体形大小不一,相应的鸟卵(俗称"鸟蛋")的大小也相差很大。

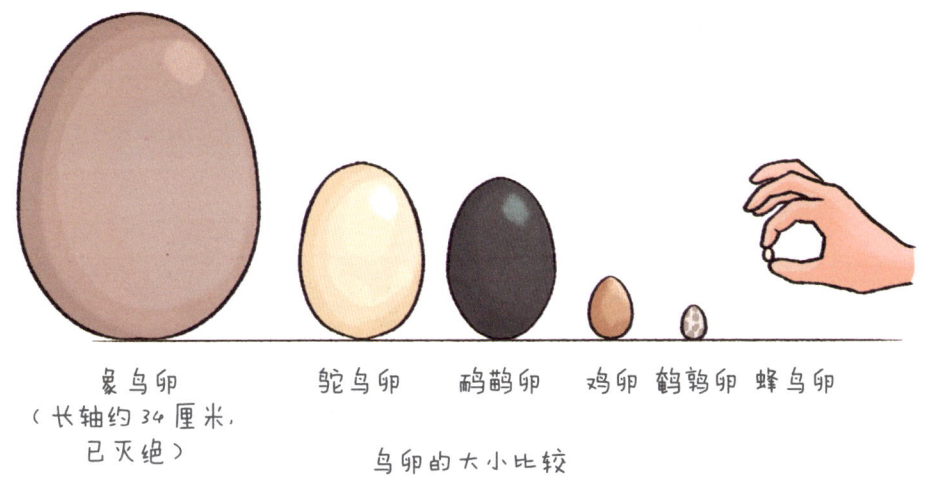

象鸟卵（长轴约34厘米，已灭绝） 鸵鸟卵 鸸鹋卵 鸡卵 鹌鹑卵 蜂鸟卵

鸟卵的大小比较

最大的象鸟卵高34厘米，而最小的蜂鸟卵仅有5毫米高。虽然鸟卵大小各异、外表差异较大，但其内部基本结构是一样的，下面我们就通过观察鸡卵来了解一下。

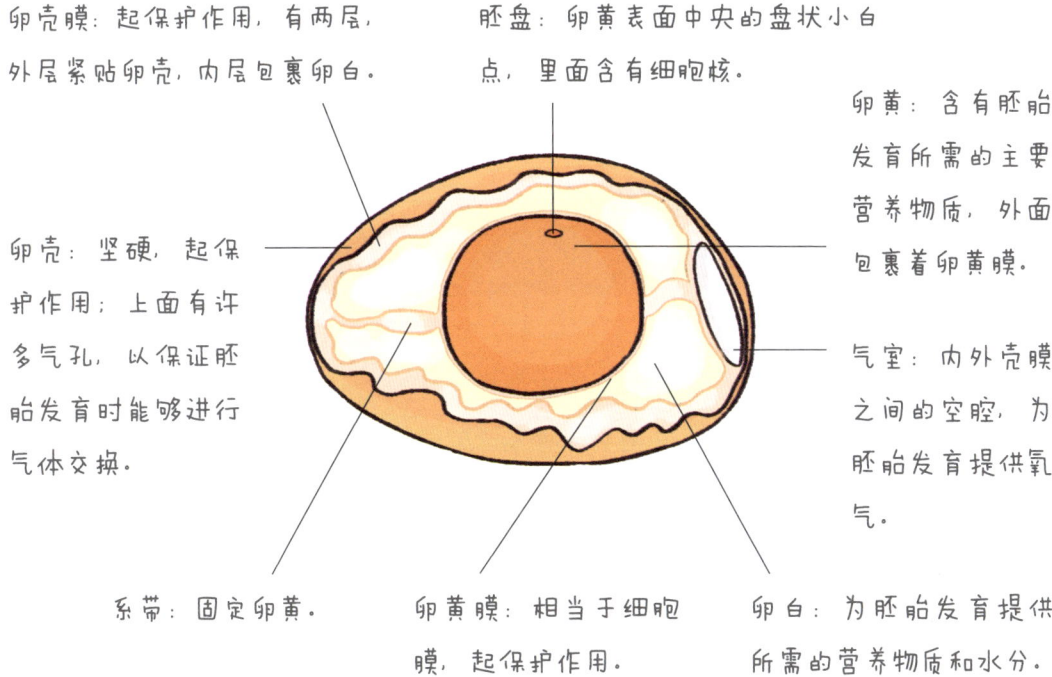

卵壳膜：起保护作用，有两层，外层紧贴卵壳，内层包裹卵白。

胚盘：卵黄表面中央的盘状小白点，里面含有细胞核。

卵黄：含有胚胎发育所需的主要营养物质，外面包裹着卵黄膜。

卵壳：坚硬，起保护作用；上面有许多气孔，以保证胚胎发育时能够进行气体交换。

气室：内外壳膜之间的空腔，为胚胎发育提供氧气。

系带：固定卵黄。

卵黄膜：相当于细胞膜，起保护作用。

卵白：为胚胎发育提供所需的营养物质和水分。

所以，鸟卵外面有卵壳保护，里面有供胚胎发育的营养物质、水和氧气，这都有利于鸟类在陆地上繁殖后代，适应复杂多变的陆地环境，也表明鸟类是脊椎动物中较高等的类群。

13　哺乳动物：胎生，乳汁哺育

哺乳动物是我们最熟悉的动物了。

家里养的小猫、小狗

森林里的老虎、猴子

草原上的狮子、斑马

海洋里的鲸鱼、海豚

这些动物形态各异，生活环境差别很大，为什么都属于哺乳动物呢？我们知道，鱼类、两栖类、爬行类和鸟类繁殖后代的方式都是先产卵，再孵化出幼体，而哺乳动物是胎生，后代生下来的时候就是发育成形的幼体，然后用乳汁喂养，这是哺乳动物最显著的特征。

狗妈妈肚子里发育成熟的胎儿　→　小狗宝宝出生　→　狗妈妈用自己的乳汁喂养宝宝

 大多数哺乳动物的胚胎在雌性体内发育,通过胎盘从母体获得营养,发育到一定阶段后从母体中产出,这种生殖方式叫作胎生。

胎生和哺乳使后代能得到充足的营养和母体的保护,提高了后代的成活率和对陆地环境的适应能力。此外,以下这些特征也有助于它们在复杂多变的环境中生存。

全身长毛:有保暖作用,帮助维持恒定的体温,更好地应对各种气候变化。

有了这件毛皮衣服,下雪也不怕。

牙齿分化:哺乳动物的牙齿根据食性的不同有明确的功能划分,提高了摄食、消化能力,能更高效地为身体提供能量。

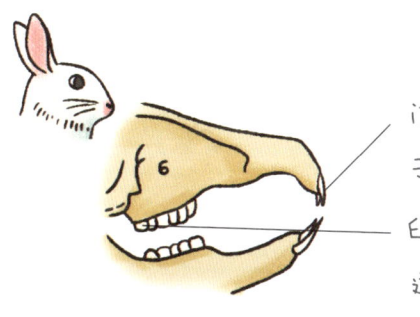

植食性动物——兔子的牙齿

犬齿:尖锐,适于撕裂肉食。
门齿:锐利,适于切断食物。
臼齿:咀嚼面宽,适于磨碎食物。

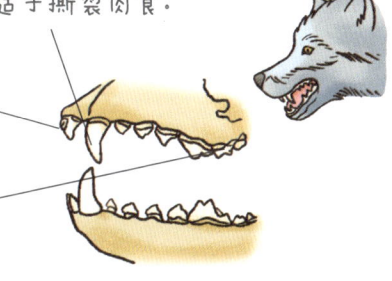

肉食性动物——狼的牙齿

高度发达的神经系统和感觉器官:能够灵敏地感知外界环境的变化,并及时作出反应。

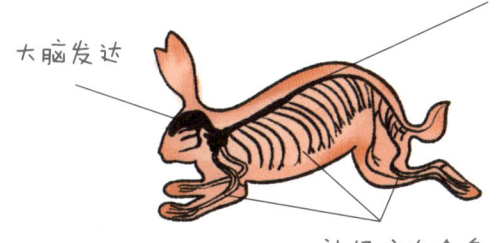

大脑发达
脊椎内的脊髓是大脑与身体相联系的通道。
神经遍布全身

正是这些特点,使哺乳动物成为最复杂、最高等的一类动物,也使它们与人类的关系最密切,不但为人类提供了大量的肉食和奶制品,而且导盲犬、警犬、军马等经过训练的哺乳动物还会成为人类得力的助手。

在众多的哺乳动物当中，有四类是比较特殊的。

蝙蝠会飞，但繁育后代时却是胎生、哺乳，是唯一能够在空中飞行的哺乳动物。

鸭嘴兽是一种卵生、哺乳的最原始的低等哺乳动物。

雌性袋鼠腹部长有育儿袋，幼仔在袋中被抚育长大。

海牛、海豹、海豚、白鳖豚、蓝鲸等是生活在水中的哺乳动物。

再来看看这些哺乳动物之最。

最高——长颈鹿：身高超过6米，其中脖子长约2米。

最大——蓝鲸：体长超过30米，体重超过180吨，比30头大象还要重。

最快——猎豹：1秒能跑25米，比速度最快的短跑运动员还要快1倍。

最慢——树懒：即使逃跑时，每秒也只能移动约20厘米。

最聪明——海豚：具有发达的大脑，有自己的语言，能和同伴相互交流。

最多——鼠：种类多，繁殖能力强，全球数量超过300亿只。

现在，要考考大家，你知道下面哪些动物是我国特有的珍稀哺乳动物吗？

大熊猫　　蓝鲸　　金丝猴

藏羚羊　　白鱀豚　　东北虎

【小知识】鲸鱼喷的是海水吗

　　鲸鱼是生活在水中的哺乳动物，用肺呼吸，因此不能长时间在水下，每隔一段时间就需要浮出海面换气。体内废气由鲸鱼头顶上的"鼻孔"喷出，然后再吸入新鲜空气。所以，鲸鱼喷出的不是海水，而是气体。由于鲸鱼体内废气的温度高于外面空气，所以一接触到外面的冷空气，就立刻凝结成水滴，于是就形成了壮观的白色水柱。

14 复杂多样的动物行为

生活在一定环境中的动物,习性各异,行为复杂。但不管哪一种行为,都是动物适应复杂多变环境的表现。那么,我们就一起来看一下,动物都有哪些行为表现吧!

动物是怎么"吃饭"的

动物要活下去,就必须"吃饭",它们怎么获取食物呢?通常它们会利用自己的身体结构,采用不同的捕食方法。比如:

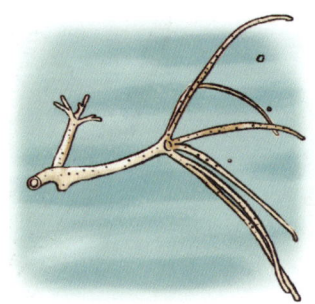
水螅依靠触手捕食小型生物。

雌蚊依靠气味寻找吸血的目标。

响尾蛇有灵敏的红外感受器,能感知温血动物的来临。

鹰依靠强健的翅膀、敏锐的眼睛和锐利的喙与爪捕食草原上的野兔。

有些动物身体强壮,常采取"伏击"或悄悄逼近的方式接近猎物,然后迅速出击,将猎物扑倒并用锋利的牙齿咬住。

狮子埋伏在草丛里。　　狮子迅速出击，扑倒并咬住猎物。

有些动物能利用工具猎取食物。

黑猩猩能将草棍伸入白蚁窝中。　　待草棍上爬满白蚁再取出食用。

有些动物能对捕获的食物进行初步的加工。

湖边的乌鸦将螺蛳衔起飞到一定的高度，然后张口将螺蛳摔下。　　螺蛳落在岩石上，硬壳破裂，乌鸦再飞下来享受美味。

有些动物则有贮存食物的习性。

老鼠在收获季节会将植物的果实、种子等贮存在洞穴中。　　花豹会把捕捉到的猎物拖到树上，既可以防止其他动物来抢，又能方便储存留到下一顿再吃。

动物的保命绝招

捕食者想方设法要抓住猎物，而被捕食者也不会束手就擒，它们会想方设法来保护自己，防止被捕食，这些行为就属于防御行为。通常分为初级防御和次级防御。以下行为属于初级防御。

穴居：即生活在地下的洞穴里，使捕食者难以发现。

野兔的地洞纵横交错，相互连通，有多个隐蔽开口，方便逃跑，可谓"狡兔三窟"。

蚂蚁会在地下建造复杂的巢穴，以躲避捕食者。

保护色：即动物把体表的颜色改变为与周围环境相似的一种防御方法。

绿皮肤的青蛙隐身于绿色的浮萍中，很难被发现。

北极熊生活在冰天雪地的北极地区，它一身半透明的毛发就是它天然的保护色。

警戒色：指某些有恶臭和毒刺的动物所具有的极为鲜艳醒目的色彩和斑纹，使捕食者易于识别，见到后避而远之。

黄蜂尾部的毒刺，腹部黄黑相间的条纹，就是在警告敌人不要靠近。

毒蛾幼虫体表鲜艳的色彩和花纹，以及身上的毒毛，就是对鸟类的一种警告。

拟态：即一种动物在形态和体色上模仿另一种有毒和不可食的动物而逃避捕食者的方法。

尺蠖静止不动时，它的形状像树枝，捕食者不容易发现。

枯叶蝶趴在树干上，好似一片干枯的树叶，不易被敌人发现。

不管捕食动物是否出现，初级防御都起作用，可以减少与捕食者相遇的可能性，但当捕食者出现之后，准备发起攻击时，初级防御就失效了，这时就要启动次级防御，也就是要想办法逃脱或对抗。

以下行为属于次级防御。

回缩：穴居的动物躲回洞穴，或有壳、有刺的动物利用特殊的身体结构来保护自己。

当龟、鳖、蜗牛等有壳动物遇到危险时，它们会将身体缩入壳内。

当刺猬受到攻击时，会将身体蜷曲起来，形成一个刺球，让捕食者"无处下口"。

逃逸：当捕食者接近时，赶快逃跑是动物的本能，而逃跑的技巧也很多，如跑、跳、游泳或飞翔等。

当瞪羚遇到猎豹时，会在全力奔跑一阵后，突然急转弯向另一侧跑，常能从猎豹的爪下逃脱。

当飞鱼遇到捕食者时，会加速游动，向上冲出水面，将胸鳍展开，像鸟儿一样飞到空中。

威吓：不能迅速逃跑或已被捉住的动物，往往采用威吓手段进行防御。

遇到危险时，雄性的招潮蟹会舞动它那颜色鲜艳的大螯，以起到威吓敌人的作用。

当伞蜥受到威胁的时候，会突然张开颈圈，使捕食者不敢靠近。

假死：有些动物遇到危险时，会马上进入假死状态来逃避捕食动物的攻击。

我死啦，别吃我。

当金龟子遇到敌害时会假死，之后再突然飞走。

当负鼠遇到捕食者时会直接装死，然后再寻机突然逃走。

转移捕食者攻击的部位：有些动物通过诱导捕食者攻击自己身体的非要害部位而逃生，是一种"丢卒保车"的防御方法。

壁虎在受到攻击时会主动把尾巴脱掉，并不停摆动，吸引捕食者注意力，然后乘机逃脱，之后还会再生出新的尾巴。

眼蝶的翅上生有多个小眼斑，能吸引捕食者，以避免头部或其他要害部位受到攻击。

迷惑：有些动物遇到敌人攻击时，还会通过一些方法来迷惑敌人，然后趁机逃跑。

当乌贼遇到危险会喷出"墨汁"，将周围的海水染黑，掩护自己逃生。

当老鹰出现时，小鸟们一起发出尖声鸣叫，使老鹰很难选中攻击目标。

释放臭气：有些动物受到攻击时，为保卫自己，会分泌、发散出恶臭和刺激性的物质。

当黄鼬遇到危险时，会释放出奇臭的气味，将敌人"击退"或"熏晕"，保护自己。

当椿象遇到危险时，会立刻从臭腺发散出臭气，以使敌人避而远之。

反击：有些动物被捕食时为获得最后的逃生机会，利用一切可用的武器，如牙、角、爪、毒液等进行反击。

当眼镜蛇遇敌时，会将毒液从中空的牙齿喷出，直射敌人的眼睛，严重的可导致失明。

当非洲的角马受到狮子袭击逃不掉时，往往会用锋利的角奋力刺向对方，有时能获得一线生机。

动物的三种活动规律

动物的活动行为不是一成不变的,它们会随着环境中自然因素的变化而发生节律性的变动,比如:

昼夜节律:每一天都有白天和夜晚,有些动物的活动时间就是随白天、黑夜的更替而有规律地变化。

很多动物跟人一样,在白天出来活动,晚上休息。

有些动物则喜欢在夜晚出没,白天则躲在家里睡大觉。

还有些动物多在早上或黄昏活动,如夜鹰,因此被称为晨昏性动物。

月运节律:许多生活在潮间带的海洋动物是随着海水涨潮、落潮的变化规律来进行活动的,所以又叫潮汐节律。

涨潮时,潮水带来了许多食物,牡蛎会张开贝壳开始觅食,退潮时会将壳关闭。

退潮后,沙蟹、寄居蟹纷纷爬出洞穴,在海滩上觅食。涨潮时它们就会钻入洞穴或岩缝中。

季节节律：有些动物会随着季节的改变而发生周期性的行为。

许多鸟类会在冬季来临之前从北方飞到南方温暖的地区越冬，春天时再飞回北方。

很多动物怕冷，一到寒冷的冬季就会躲在地下洞穴或树洞中睡觉，直到春天才会醒来。

某些鱼类为了觅食、生殖、越冬等，会有规律地集群，沿一定路线进行周期性的迁移活动，经过一段时间后又重返原地。

有些动物不冬眠，但会换毛，比如猫、狗、狐狸、兔子等都会一年换两次毛。

兔子会在秋末换上一身厚厚的绒毛，以抵御冬天的寒冷。

到了春末，兔子会再换上一身稀疏的粗毛，以利于夏天散热。

找到心仪的伴侣

不论哪种动物,长大成熟后都要进行繁殖来延续种族。当然,在进行繁殖之前,先要找到心仪的伴侣。怎样才能吸引异性的目光呢?动物们的求偶方式可谓五花八门,妙趣横生。

有些动物以艳丽的体色和独特的炫耀动作来吸引异性。

雄性孔雀求偶时会将长而华丽的尾羽展开,像一道屏风,并且不停地抖动,谁的"屏风"更好看,谁就更容易获得雌性孔雀的青睐。

有些动物会通过跳舞的方式来求偶。

雄性丹顶鹤有了喜欢的异性时,会跳起仙鹤舞,如拍打翅膀、甩动脖子等,以此来打动异性。

有些动物以接触、触摸的方式求偶。

雄性犀牛求偶时,会用角小心地触动雌性犀牛的角,使角互相摩擦。

雄性天鹅求偶时,会与雌性反复交颈摩挲,利用"亲颈"的方式示爱。

有些动物通过发出自己特有的声音或借助外物发声来吸引异性。

夏季,雄性蝉会在树上发出鸣叫声,好像唱歌比赛,谁唱得最好,谁就能吸引雌性蝉。

春天,雄性啄木鸟会用坚硬的嘴在空心树干上敲出清脆的声音,以此向异性发出求偶的信号。

有些动物会通过向周边散发特殊的信息素来求偶。

蝴蝶、毒蛾等雌性昆虫，能分泌有气味的物质以吸引远处的异性。

有些动物会通过修建坚固且华丽的巢穴来吸引异性。

雄性园丁鸟求偶时会编织一个巨大的鸟巢，再用花朵、浆果对房子进行精心装饰。

雄性织布鸟会为了求偶而筑巢，鸟巢越坚固越能赢得雌鸟的青睐。

有些动物为了求偶，会给雌性携带食物，用美食诱惑雌性。

雄性燕鸥为了求偶，会叼着鲜鱼喂给雌燕鸥。

有些动物则比较暴力，会通过决斗的方式来求偶。

两头雄性海象为争夺雌性海象会来一场决斗，胜利者就能成为雌性海象的伴侣。

养孩子的方法各不同

求偶成功,交配,产卵或生下幼崽之后,动物就要开始养育孩子了,直到它们的孩子能独立生存。不同种类的动物育儿的方式也不尽相同,一起来看一下吧。

哺乳动物大多是胎生,通常都需要通过哺乳的方式把孩子养大。

雌性猩猩像人类一样,把小猩猩抱在怀里喂奶,吃饱了也要把孩子抱在怀里或驮在背上照顾它。

幼袋鼠会爬进妈妈的育儿袋里吃奶,继续发育成长,一直到它能独立生活。

鸟类是卵生动物,产卵后,便开始孵化。幼鸟出生后,成鸟还会寻找食物喂养幼鸟。

雌性燕子产卵后,由雌、雄燕子轮流孵化。

当小燕子出生后,其父母就会整日忙于寻找食物喂养雏燕,直至它们能独立飞行觅食。

雌性帝企鹅产卵后,雄性帝企鹅把蛋放在脚上,一直站着孵蛋,直到小帝企鹅破壳而出。

小帝企鹅把嘴伸入父母口中取食。

不过，在鸟类中也有一个另类，那就是杜鹃，它把卵产在与自己习性类似的鸟类的窝里，让别的鸟替它孵化、喂养。

寄主鸟类开始时并不知道自己喂养的是别人的孩子，等察觉到不对劲时，已经晚了。

大多数爬行动物没有育儿行为，因为它们的幼体从一出生就开始独立生活，比如海龟把卵产在海滩上离开，小海龟孵化后，会自己回到海里生活。但鳄鱼是个例外，它们会照顾小鳄鱼数月。

雌性鳄鱼把卵产在沙地上的洞中藏起来，并一直在旁边守护。

小鳄鱼孵出来后，雌性鳄鱼把小鳄鱼含在嘴里带到安全的水域照顾。

鱼类为卵生动物，大多数都没有育儿行为，比如鲑鱼产完卵之后就死亡了，没有机会育儿。不过也有少数会育儿的鱼类。

 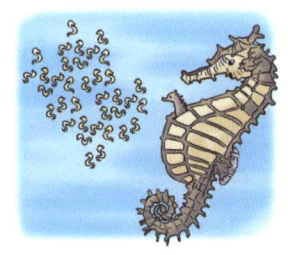

慈鲷科的鱼类会把小鱼含在口中，避免被其他鱼类吃掉。

雌性海马把卵产在雄性海马下腹的育儿囊里，由雄性海马负责孵化。

有些昆虫的育儿方式也很有意思。比如一种叫负子蝽的昆虫，雌性虫会把卵产在雄性虫的背上，由雄性虫驮着卵在水中觅食、照料，直到卵孵化后，雄性虫才完成育儿的任务。

我的地盘我做主

很多动物都有属于它们自己的地盘，动物占有和保卫这个地盘的行为就叫领域行为。每种动物都有自己独特的占领地盘的方式。

狗通过在一些地方留下自己独有的气味、粪便、尿液等来划分地盘范围。

鸟类可通过鸣叫、展示羽毛等方式宣告它的地盘。

有些地盘是为了保证丰富的食物来源而建立的，比如仓鼠占有地盘主要是为了觅食，这对它们生存、繁殖非常有利。

有些地盘则是动物为了繁育后代而临时建立的，比如海豹、海象等鳍脚类海兽和野驴、斑马、犀牛等有蹄类动物。

还有少数一些动物，如狐狸等，终生生活在自己的地盘内，它们的地盘就是永久性领域。

动物的地盘一经确定，就会发出各种信号来标记和维护自己的地盘，然后在自己的地盘里进行捕食、求偶、生殖等。一旦有其他动物进入，它们就会想方设法驱逐入侵者。

保卫地盘第一步：靠鸣叫、吼叫、咆哮等声音对可能入侵者发出信号和警告。

雄性海豹用大声的咆哮来表示它们保卫地盘的意图。

大狐猴经常坐在树枝上高昂着头，发出长啸，向其他动物宣告这里是自己的地盘。

保卫地盘第二步：当来犯者不顾警告，非法侵犯到地盘边界时，地盘的主人就会采取各种特定的行为来向入侵者示威。

猫会拱起背部，用趾尖着地，抬高身体，表明这是它的地盘。

发怒的蟾蜍会吸足空气，使自己身体膨胀起来，以此来阻吓入侵者。

保卫地盘第三步：如果入侵者仍然坚持侵犯地盘的话，地盘主人就要采取驱赶和攻击行动了。

雄性虎誓死捍卫自己的繁殖地，一旦发现其他雄性虎侵入，必将拼个你死我活。

罗非鱼在地盘边界与入侵者相遇，在威吓无效后就会与对方口对口互相撕咬，直到一方败退。

大家庭是怎么生活的

在自然界中，有些动物独居生活，有些动物则是群居。群居成员的地位不同，担负的责任和工作内容也不同，大家分工合作，共同维持群体的生活，这就是社群行为。昆虫中最常见的群居者就是蚂蚁和蜜蜂，比如白蚁群体中有蚁后、蚁王、工蚁和兵蚁四种类型的成员。

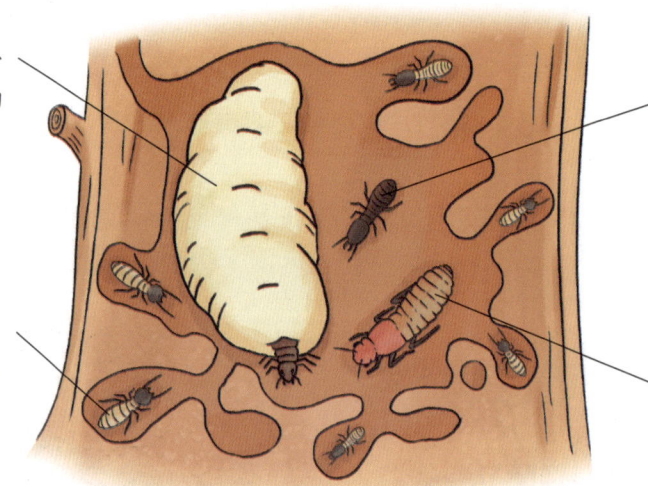

蚁后：腹部膨胀得很大，是专职的"产卵机器"。

工蚁：负责觅食、筑巢、照料蚁后产下的卵、喂养其他白蚁等。

蚁王：具有生殖能力，主要负责与蚁后交配。

兵蚁：专门负责保卫蚁巢。

一个蜂群中主要有蜂后、雄蜂和工蜂三种类型的成员。

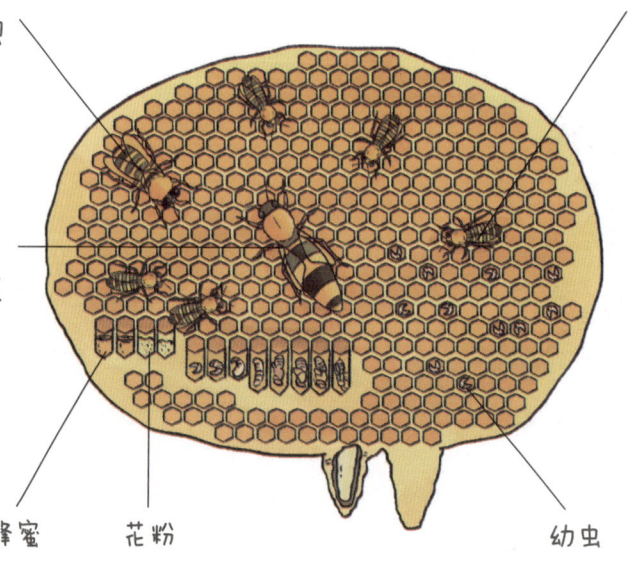

雄蜂：数量较少，不能采蜜，专职与蜂后交配，交配后不久就死亡。

蜂后：只有一只，具有发达的生殖器官，负责产卵和繁殖后代。

工蜂：数量最多，负责清理蜂巢、喂养幼虫、筑巢、保卫、采集花蜜和花粉。

蜂蜜　花粉　幼虫

哺乳动物中也有很多群居动物，并且存在等级的划分，如狮子、狒狒、猴子、象、鹿等。比如一个狮群大概有15个成员，其核心通常是几只亲缘关系很近的成年雌性狮。

雌狮：狮群的主力，负责捕猎和养育小狮子。

雄狮：狮群之王，体型大，不捕猎，却要第一个享用猎物。负责与雌性狮交配、巡视领地、驱赶入侵者。

幼狮：如果是母狮，长大后会加入狮群。如果是雄性狮，在长到一定年纪后，就会被驱赶出去。

一个狒狒群体有数百个成员，通常会根据身材大小、力量强弱、健康状况和凶猛程度，排成不同的等级次序，不同等级的狒狒享有不同的权利。

青年的雄性狒狒在族群中排在第三位，负责保卫族群的安全。

刚当妈妈的雌性狒狒在族群中排在第二位，负责繁殖、育儿。

首领地位最高，由族群中身强体壮的雄性狒狒担任，统一领导和管理整个族群。

能够独立生活的幼年狒狒是族群中地位最低的。

五花八门的通信方式

动物虽不能像人类那样说话,但它们一样能够传递信息,而且传递信息的方式五花八门,非常有趣。

听觉通信:声音能在空气、水等介质中传播,因此,许多水陆动物都借助声音来传递信息。同一环境中的动物还会根据不同的信息发出不同的声音。

鸟类叽叽喳喳地在交流,它们主要是靠耳朵听到声音获取信息。

水豚通过发达的声呐感受系统来捕食和躲避障碍物。

视觉通信:通过视觉来传递信息,比如动物颜色、结构、动作、姿态等的变化。

蜜蜂寻找到花丛后会跳舞报信:跳圆圆舞表示花丛就在附近;跳起镰刀舞表示花丛在不远处;跳起"8"字舞时,则表示花丛比较远。

电场通信:有些动物身上长有发电器官,通过发出电信号来传递信息。

电鳗可在昏暗、浑浊的水中,放出不同的电信号来传达不同的信息,如威吓、屈服、求偶等。

触觉通信：动物通过触觉接收、传递信息，有时是在近距离的信号，有时就是身体的直接接触。

黾（mǐn）蝽在水面上活动时会产生极细的波纹，这其实就是它们与同伴交流的方法。

蚂蚁之间通过触角的接触来交流食物的来源、方向以及蚁后的指令等信息。

化学通信：动物通过体内分泌的一些特殊味道的信息素来传递报警、进攻、集合、驱散等信息。

外出觅食的蚂蚁会沿途分泌一种化学物质，其他蚂蚁会根据气味导航，并不断地加强气味。

表面震动通信：动物通过制造震动来传递信息。

雄性鼹鼠会用后足捶击洞壁发出震动，以此向隔壁的雌性鼹鼠传递求偶信息。

大象身躯庞大，跺脚会使地面产生震动，并以此给远处的大象传递信息。

互惠互利的好朋友

在动物界中,一些动物有时会和其他种类的动物成为好朋友,它们生活在一起,相互依赖,形成了一种互惠互利的伙伴关系,这就是动物的共生行为。来看看都有哪些动物会交到异类的好朋友。

海葵与小丑鱼:小丑鱼在海葵的触手间游来游去,凭借艳丽的体色吸引来其他动物给海葵吃。而当小丑鱼遇到危险时,海葵也会毫不犹豫地保护它们。

犀牛与犀牛鸟:犀牛皮肤的褶皱里有很多寄生虫,可以给犀牛鸟提供食物。而犀牛鸟不仅帮助犀牛除虫,还会在犀牛有危险时,通过大声啼叫、在上空盘旋等方式向犀牛发出警报。

鲨鱼与䲟鱼:䲟鱼身上有一个强力吸盘,可附着在鲨鱼身上,帮助鲨鱼清理身上的寄生虫,鲨鱼也会把一些食物残渣留给䲟鱼食用。当䲟鱼遇到危险时,鲨鱼的嘴就是它们的避难所。

扇贝和豆蟹:豆蟹是世界上最小的螃蟹,寄居在扇贝里,以扇贝内的微小生物或粪便为食;当扇贝遇到敌人时,豆蟹会立即搅动扇贝的身体报警,或帮扇贝赶走敌人。

虾虎鱼和枪虾：虾虎鱼有极好的视力，而枪虾被称为"盲虾"，几乎什么都看不见。枪虾会挖洞，它允许虾虎鱼在自己的洞中躲避捕食者，而虾虎鱼则会在枪虾遇到危险时，轻轻甩动尾巴触碰枪虾的触须给枪虾报警。

狼蛛和窄嘴蟾蜍：窄嘴蟾蜍吃昆虫，可以保护狼蛛卵不受昆虫的侵害。而狼蛛会在窄嘴蟾蜍遇到猫头鹰等天敌时，为其提供保护和栖身之所。

蚂蚁和蚜虫：蚜虫会分泌一种富含碳水化合物的液体，称为"蜜露"，这是蚂蚁最喜欢的食物。作为交换，蚂蚁会将蚜虫都赶到一起，为它们提供保护。

刺尾蜥蜴和肥尾蝎：刺尾蜥蜴的巢穴通常在阴凉的地方，且经常遭到狐狸等捕食者的袭击，肥尾蝎可为蜥蜴提供保护，以换取在蜥蜴的巢穴中生活的权利。

小朋友们，你还知道哪些动物之间是互惠互利的好朋友吗？查一查资料，和你的小伙伴们分享一下吧！

15 动物在生物圈中的作用

动物广泛分布于各种自然环境中，而且不论生活在哪种环境里，它们都以独特的生活方式适应着大自然，使动物世界生机盎然，奥妙无穷。那么，动物在生物圈中都有哪些作用呢？

动物是生物圈中的消费者、绿色植物是生物圈中的生产者。绿色植物通过光合作用制造有机物，而动物必须直接或间接地以绿色植物为食，以促进生态系统的物质循环。

像牛这样直接以绿色植物为食的消费者被称为植食动物。

以其他动物为食的消费者被称为肉食动物，如虎、狮子、豹、鹰等。

既能吃植物，也能吃动物的消费者，被称为杂食动物，如棕熊、猪、家鼠等。

以落入土壤或水域的枯枝落叶、动物遗体或粪便为食的消费者，被统称为食腐动物，如秃鹫、蚯蚓、蜗牛、蟹等。

动物是食物链的组成部分，比如在一块农田中存在这样的关系：

蝗虫吃植物，蛙吃蝗虫，蛇吃蛙，鹰吃蛇，这就是一条食物链。

农田中的食物链

在这条食物链中，动物既以植物或其他动物为食，又作为食物被其他动物吃掉，生物间这种相互依赖、相互制约的关系，有利于各种生物种群的数量保持平衡，协调发展。

 在生态系统中，不同生物之间由于吃与被吃的关系而形成的链状结构，叫作食物链。

动物可以帮助植物传播花粉和种子，促进植物的繁殖和分布。

 蜜蜂采集花蜜和花粉，其实也是在帮植物传粉。

 有些鸟类，如太平鸟以植物的浆果为食，随鸟粪传播种子。

不过，动物对植物既有有利的一面，也有有害的一面。比如蝗虫，它是农作物的头号敌人，一旦发生蝗灾，农作物会受损严重，造成减产，甚至绝收。

我国幅员辽阔,动物种类多种多样,还有许多闻名世界的特产珍稀动物,但由于人类活动引起的生态环境破坏,使我国的动物资源面临着严重威胁。因此,国家开始采取一系列的措施,加强对动物资源的保护和科学管理。

最有效的办法就是建立自然保护区,将珍稀野生动物和它们赖以生存的生活环境划分出来,进行保护和管理。

为保护大熊猫、金丝猴,在四川省建立了卧龙、王朗等自然保护区。

为保护朱鹮,在陕西省建立了汉中朱鹮国家级自然保护区。

棕头鸥

为保护棕头鸥、斑头雁等鸟类,在青海省建立了青海鸟岛国家级自然保护区。

还有一些野生动物数量极少,生活环境也不复存在了,比如麋鹿,因此国家就把这些濒危动物转移到专门的繁育中心里加以保护。

麋鹿

此外,为提高人们对保护野生动物重要性的认识,依法严厉打击偷猎犯罪活动,国家还颁布了《中华人民共和国野生动物保护法》等法律文件。

动物是生物圈的重要组成部分,保护野生动物就是保护我们人类自己。我们要与动物和睦相处,使地球成为一个永远充满生机的生态乐园。